解析动物的
凶猛天性

**JIEXIDONGWUDE
XIONGMENGTIANXING**

吴波◎编著

集知识、故事、欣赏于一体！
生物爱好者必备！

完全
典藏版

探索生物密码

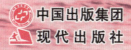
中国出版集团
现代出版社

图书在版编目（CIP）数据

解析动物的凶猛天性／吴波编著．—北京：现代
出版社，2013.1（2024.12重印）
　（探索生物密码）
ISBN 978-7-5143-1033-7

Ⅰ．①解… Ⅱ．①吴… Ⅲ．①动物-青年读物②动物
-少年读物 Ⅳ．①Q95-49

中国版本图书馆 CIP 数据核字（2012）第 292918 号

解析动物的凶猛天性

编　著	吴　波
责任编辑	李　鹏
出版发行	现代出版社
地　址	北京市朝阳区安外安华里 504 号
邮政编码	100011
电　话	010-64267325　010-64245264（兼传真）
网　址	www.xdcbs.com
电子信箱	xiandai@cnpitc.com.cn
印　刷	唐山富达印务有限公司
开　本	710mm×1000mm　1/16
印　张	12
版　次	2013 年 1 月第 1 版　2024 年 12 月第 4 次印刷
书　号	ISBN 978-7-5143-1033-7
定　价	57.00 元

前 言

　　只要提到野兽，人们首先想到的就是豺、狼、虎、豹这一类大型食肉动物，而往往忽视像老鼠、蝙蝠、刺猬等这些小型动物也是兽类，更不会想到像海豚一类的鲸也是兽类。兽类都属于脊椎动物中的哺乳纲，都是由爬行类进化而来的。据统计，我国现存的兽类共有450余种，占世界兽类总数的10.6%，共有14目50科。

　　兽类的主要特征表现在：体内有一条由许多脊椎骨连接而成的脊柱；身体表面被毛；胎生（鸭嘴兽、针鼹除外），哺乳；恒温，在环境温度发生变化时也能保持体温的相对恒定，从而减少了对外界环境的依赖，扩大了分布范围；脑颅扩大，大脑相当发达，在智力和对环境适应上超过其他动物；心脏左、右两室完全分开；牙齿分为门齿、犬齿和颊齿。

　　兽类与人类有着密切的关系，除供应人类肉食、毛皮和役用外，有的还具有很高的科学价值。属于陆栖食肉目的猫、狗、狼、豺、虎、豹是人们心目中兽类的代表，它们与人类的关系极为特殊，有许多还是人类形影不离的朋友；属于食虫目的刺猬是兽类中古老而原始的类群，是多种地下害虫的天敌；翼手目动物是兽类中唯一能够飞行的类群，多种蝙蝠在飞翔中捕食害虫；属鳞甲目的穿山甲全身布满鳞甲，长着细长的舌头，以其分泌的黏液取食蚂蚁和白蚁，它们都是人类的朋友。属啮齿目的各种老鼠，是兽类中种类最多的类群，除麝鼠、松鼠等一些经济种类外，绝大部分老鼠危害农、林、牧业生产，有些种类还是危害人类健康的传染性疾病的传播宿主；灵长目的各种猿猴都是珍贵的保护动物，其中金丝猴、白头叶猴等仅见于我国；有蹄动物野马、野骆驼、白唇

鹿、海南坡鹿、黑鹿、羚牛、藏羚、高鼻羚羊等，多为中、大型重要的经济种类和珍稀保护动物，有些也是我国特产；鲸目中的各种鲸和海豚的身体已进化为流线型，它们的外部形态已完全适应了海洋生活。

限于篇幅，本书主要介绍的是陆栖食肉目动物、灵长目动物、有蹄动物、啮齿动物和若干海兽以及独一无二的飞兽蝙蝠等。

一般而言，兽类对周围环境有着高度的适应性，一旦环境发生变化，它们会调整自身与环境的关系而生存下去。因此，在它们的长期进化过程中，兽类几乎占据了地球上陆地、天空、海洋所有的空间，并使它们在形态、生理、行为等方面产生了很大差异，衍生出许多特化的种类。不过，当环境的恶化程度超过兽类动物的调节适应能力时，或者由于人类的大肆猎杀，它们就会濒临灭绝，历史上就曾有许多兽类动物因此灭绝。所以，维护良好的生态环境，控制人类的贪欲，对于兽类种群的生存与发展十分重要，这需要我们所有人的共同努力。

目 录

陆栖食肉目动物

灵长目动物

有蹄动物

啮齿动物

飞兽与海兽

陆栖食肉目动物

　　我们常说的猛兽或食肉兽，系指哺乳纲食肉目这一大类动物的总称，如豺、狼、虎、豹、熊、鼬、貂等这些大、中型兽类。实际上这类动物只能称作陆栖食肉兽。食肉目动物在全世界约有250种（不包括哺乳纲鳍足目动物），其中分布在我国的有55种。

　　食肉目动物下设犬科、熊科、浣熊科、鼬科、灵猫科、猫科、鬣狗科等科。除鬣狗科外，我国都有分布。

　　食肉目动物体型粗壮或小巧，肌肉发达，四肢的趾端具锐爪，大脑和嗅觉、视觉、听觉均较发达。

　　食肉目动物身体矫健，动作灵敏，反应迅速，它们四肢的脚爪是捕捉猎物的有力武器。

　　多数食肉兽以肉食为主，但豺、狼、貂，大、小灵猫等，除肉食外，还吃一些植物性食物，近于杂食；熊类和小熊猫植物性食物的比重增加，而大熊猫以箭竹、竹笋为主食，在食肉目动物里几乎成为素食者。

　　食肉兽在人民的经济生活中占有很重要的地位。几千年来，我国劳动人民一直对它们进行狩猎、利用和饲养，如用貂皮、狐皮、水獭皮、貉皮、黄狼皮制成大衣，用熊胆、虎骨、麝香、獾油制成中草药，用灵猫香、黄鼬（黄鼠狼）尾毛作工业原料等，在裘皮业、中药界以及工业界中早已驰名国内外，对这部分资源今后应加强保护，恢复种群数量，并在此前提下进行合理的利用，在有条件的地区可对某些种类进行人工饲养。

狮

　　狮子属于食肉目猫科动物，狮子曾广泛分布于欧洲和中亚，北美洲也曾有这种动物出没。现在世界上的狮子分为非洲狮和亚洲狮两种，只产于东非、西非、南非、西南非、印度和伊朗等地。

　　狮子的体型、大小都与虎相似。雄狮体长约 1.7～2.5 米，体重 130～230千克，雌狮较小。狮子四肢粗短，头部较大，一对又圆又小的耳朵直立在头上，眼睛较小，但很有神，露着凶光，触须、胡子为白色。体毛短密、柔软，呈棕黄色或暗褐色，雄狮头顶、颈部、肩部生有长长的鬃毛，雌狮没有鬃毛，雄、雌狮的尾端都有黑色的球状束毛。幼狮身上长有灰色斑点，背部中央有一条白色花纹，半岁后斑点和白色花纹逐渐消失。

非洲狮

　　雄狮的最显著特征是它的鬃毛。多数雄师的鬃毛都相当浓密，乱蓬蓬地覆盖在头部的后面、颈部、肩部，甚至覆盖到咽喉、胸部直到腹部。雄狮的鬃毛对母狮来说具有无法抵抗的吸引力，是雄狮吸引雌狮的"武器"。鬃毛长而黑的雄狮会更容易获得雌狮的好感，它们常常在争斗中获胜。

在狮子王国里，长而黑的鬃毛意味着生理健康，因为雄狮的鬃毛越黑，它血液中雄性激素的含量就越高。

　　当雄狮与其他狮子搏斗时，它的鬃毛还可保护自己的脖子不受伤害，而且更重要的是，鬃毛也象征着雄狮的权力。华丽的鬃毛、雄壮的身躯以及巨大的牙齿，是雄狮统治狮子王国的三大武器。但是雄狮的鬃毛也给它带来了不少麻烦。在捕猎时它使雄狮容易暴露自己，在炎热的夏天，鬃毛也不易于散发体内的热量。

　　狮子喜欢结群生活，是唯一群居的猫科动物。每群 5～30 只不等，由一个家族或几个家族组成，它们没有固定的地盘，被食物吸引而过着"流浪"

的生活。

狮群中有 1～6 只雄狮，其余的是具有亲缘关系的雌狮和幼狮，雌狮是狮群的核心。成年雄狮往往并不和狮群待在一起，它们在领地四周游走，担任保卫领地的任务。

小雄狮长大后，通常必须离开狮群，自行寻找缺少雄狮的雌狮狮群，组成自己的狮群。多数小雌狮长大后留在原来的狮群里，个别的被赶走然后加入别的狮群。平时整个狮群三三两两地整天坐着休息，几乎什么都不做。当捕捉猎物或进餐时它们又汇聚到一起。

狮子生活在开阔的疏林地区或半沙漠的草原地带，白天休息，凌晨、黄昏或晚上捕猎。捕猎的任务主要由雌狮担任。狮子奔跑的速度可达 60 千米/时，一跳有 8～12 米远，但狮子身躯庞大，没有长途追击的耐力，奔跑 200 米后速度就慢了下来。因此狮子一般采取伏击的方式捕获猎物。

在狮群中，雄狮可以说是最懒的了。它一天大部分时间都在休息和睡觉。它平时几乎不参加捕食，坐享其成，待在家中享受雌狮捕获的猎物。实在饿极了，它才花 1～2 个小时外出寻找食物。

有时狮子会采取集体围猎的方式捕捉猎物。当几只狮子共同追捕猎物时，它们常常围成一个扇形，把捕猎对象围在中间，切断猎物的逃跑路线。它们最喜欢在水塘附近伏击猎物。狮子的食物主要有羚羊、角马、斑马，它们有时也袭击野猪，偶尔还会吃长颈鹿、野牛、河马和鸵鸟等。

亚洲狮

狮子在一年中任何时候都可以繁殖。雌狮怀孕期为 3 个多月，当幼狮要出生时，雌狮便离开狮群到一个安静的地方去生孩子，通常每胎产 2～4 只幼狮。刚出生的幼狮体重只有 1～2 千克，2 周后眼睛才睁开，6 周后就能够吃肉了。幼狮的身上有浅灰色的斑点，3 个月后将逐渐褪去。幼狮满 1 岁后，便开始参与捕猎活动。幼狮在加入狮群生活的前 10 个星期，是它们的危险期，母狮外出捕猎时，它们常常遭到其他野兽的攻击，而且当狮群搬家时一些幼狮会被抛弃，因此幼狮的死亡率非常高，长大成年的数目不足1/2。

在所有动物的吼叫声中，狮子的吼叫声可能是最响亮、也最吓人的了。吼叫声是雄狮用来示威的信号。雄狮常常伸长着脖子，然后头向上，猛烈吼叫一番，以此警告入侵者："这是我的领土！你们休想踏入一步！"狮子的咆哮声非常洪亮，如同雷鸣，可以传到8 000米以外，这种特有的叫声一般发生在黎明和傍晚。

生物学家们认为，狮子的咆哮声是非洲野外最惊心动魄的声音，人们在黑夜中听到狮吼声，常常会惊出一身冷汗，胆小的可能还会因此大病一场。

知识点

猫　科

　　猫科是食肉目中肉食性最强的一科，生活在除南极洲和澳洲以外的各个大陆上，代表动物有狮、虎、豹等。多数猫科动物善于隐蔽，用伏击的方式捕猎，身上常有花斑，可以与环境融为一体。而现在多数猫科动物却因为这些美丽的花斑而被人捕捉用来制作高档时装，加上栖息地破坏等其他原因，使猫科动物受到严重威胁。而猫科动物作为重要的食肉动物特别是顶级食肉动物，其数量的减少给生态环境造成较大的影响。

　　猫科动物，无论是驯养还是野生的，已吸引人类数以千年。而在这段时间里，人类与这些动物的关系也发生了广泛的变化。人们曾把它们作为猎手一样重视，作为神一样崇拜，作为恶魔一样敌视，然而不论如何，它们生存了下来，并仍然令人迷恋。它们时常被作为美妙、优雅、神秘和力量的象征，也成为诸多艺术家和作家特别喜爱的主题。

 延伸阅读

狮虎争王

在西方，狮子向来有"兽中之王"之称；而在中国，老虎则被称为"兽中之王"。狮子和老虎到底谁更厉害？由于狮子、老虎不在同一地域环境中生

活，因此很少有机会相遇，决一高低。从外表看来，两者在体重、身长、凶猛程度上不相上下，狮吼虎啸各有千秋。不过多数专家认为，如果个子差不多的狮子和老虎单个决斗，老虎更厉害。

国外曾做过一项试验：让体重各250千克的雄性狮子和雄性老虎进行搏斗比赛。饲养员赛前将狮子、老虎各饿上两天，然后将它们关进一个中间放有一盆血淋淋牛肉的笼子中，于是一场不可避免的搏斗出现了。起初，由于狮子身大力猛，老虎吃了点亏，但后来老虎的耐力以及后腿的力量显示出来，渐渐占据上风。最后，老虎猛地咬住狮子的鬃毛，奋力一摔，竟将狮子甩出20多米远，狮子受伤倒地，呻吟不已，无法再斗，老虎此时也已筋疲力尽，难以咬死狮子。

虎

虎属于哺乳纲食肉目猫科动物，它一般体长1.2～3.5米，体重100～340千克，有记录的最大的虎体长达4米，重达350千克。虎的体色比较特殊，除了不常见的白虎外，虎的体背和四肢外侧的底色为橙黄色，腹部及四肢内侧为白色，背部布满了黑色的横纹。虎身体粗壮，头部较圆，额头上有一"王"字，一双小耳朵竖立在额头上，眼小鼻长，两眼周围、上部和两颊为白色，脖子又短又粗，嘴巴很大，上嘴唇生有胡须，牙齿尖利，犬齿特别发达，四肢粗短有力，爪子尖硬，尾巴细长，上面也有黑色的横纹。乍一看去，虎的身上像是穿了一件迷彩服似的，这有利于它保护自己，更方便它捕捉猎物。

虎是肉食性动物，主要捕食鹿、麝、野兔、狼、熊、羚羊和野猪等动物，有时也捕食青蛙、小鸟等一类小动物。虎为典型的夜行动物，在傍晚和黎明最为活跃，白天躺在草丛中睡觉。虎行动谨慎，听觉、嗅觉敏锐，脚上生有很厚的肉垫，行走时像猫一样轻手轻脚，不发出一点声响。

一旦发现猎物，虎便先伏下身体，在草丛中尽量爬着行进，一直潜行到离猎物只有几米远时，才突然猛扑过去，用它的尖利的牙齿和锐利的前爪将猎物置于死地。偷袭和猛扑是虎在野外善用的狩猎手段，虎短距离奔跑的速度非常快，但是这种速度无法维持长久。虎跳跃能力强，一跳可达5～7米远、2米高。虎每次食肉量为17～27千克，体型大的虎每顿能吃35千克肉，吃饱的虎可以连续几天不进食。虎生性谨慎，心多疑，一旦发现走过的道路有异样，它宁肯绕行也绝不冒险。

虎虽然四只脚上长有利爪，却不会爬树，这大概是因为它的身体太重了。然而虎善于游泳，是天生的游泳健将，它强健的体力能使它在水中游过相当长的距离。

虎经常渡过河流、小溪游到对岸，有时在湖边、河边捕捉猎物，特别是在夏季，虎常去溪水或河中浸泡洗澡，图个凉爽。因为虎缺少汗腺，在阴影中乘凉解决不了问题，所以虎从不远离水源。十分有趣的是，尽管虎善于游泳，但它在下水前，往往会小心翼翼地用前爪试探水面，就像一只大猫。

在寒冷的冬季，虎怎样抵御严寒呢？令人称奇的是，虎为了生存需要，"发明"了一套抵御严寒的好办法。当它感到寒冷时，就会来来回回地奔跑，而且注意力非常集中，就算身边跑来兔子也不看一眼，直到跑得身子暖烘烘的才停止。

虎常常栖息于山林、灌木与野草丛生的地方，喜欢单独活动，没有固定的巢穴，但有一定的活动范围，所占地盘一般为 65～650 平方千米。雄虎各自为政，占山为王，不让别的雄虎闯入自己的领地，但却允许雌虎在它的领地里活动，它的领地里通常生活着几只雌虎。

老虎一向过着独身生活，只在繁殖交配时才走到一起。虎一年四季几乎每月都能发情，在冬末春初和夏末秋初两个时期内表现最为明显。发情期间，虎的叫声特别响亮，能传到 2 千米远处，以吸引异性。雌虎每隔 1～2 年繁殖一次，怀孕期为 105 天左右，每胎产 1～5 崽。幼虎出生时正逢既不太冷又不太热的季节，这样幼虎容易成活。幼虎刚出生时重 0.5～1 千克，10 天左右眼睛睁开，约 20 天长牙，一个月时能吃肉，2 岁时幼虎同母虎分开，独立生活。虎的寿命可达 20～25 年。

关于虎的历史起源，目前比较公认的观点是：200 万年前虎起源于东亚（即现今华南虎的分布区），然后沿着两个主要方向扩散，即虎沿西北方向的森林和河流系统进入亚洲西南部；沿南和西南方向进入东南亚及印度次大陆，一部分最终进入印度尼西亚群岛，在向亚洲其他地域扩散和辐射适应的过程中，虎演化为 8 个亚种，即华南虎、西伯利亚虎、孟加拉虎、印支虎、苏门答腊虎、巴厘虎、爪哇虎和里海虎。由此可见，虎曾经广泛分布在西起土耳其，东至中国和俄罗斯海岸，北起西伯利亚，南至印度尼西亚群岛的辽阔土地上。至 20 世纪中叶，里海虎、爪哇虎、巴厘虎已经灭绝。中国曾经分布有华南虎、东北虎（西伯利亚虎）、孟加拉虎、印支虎（东南亚虎）和里海虎（新疆虎，已灭绝）等 5 个亚种。

华南虎

华南虎是我国特有的虎种，生活在我国东南、西南、华南各省。华南虎体型比东北虎小，雄虎体长约 2.5 米，体重约 150 千克；雌虎更小，长约 2.3 米，体重 110 千克左右。它毛皮上的条纹既短又窄，与孟加拉虎和东北虎比起来，条纹之间的间距较大。

华南虎是所有种类的老虎中最为濒临灭绝的一种，目前野生的华南虎仅 30 只左右。1996 年国际自然与自然资源保护联盟将华南虎列为极度濒危的十大物种之一。

东北虎

东北虎又名西伯利亚虎、满洲虎，分布于俄罗斯的西伯利亚、中国东北小兴安岭和长白山一带，在我国是一级保护动物。东北虎是体型最大的虎，平均体长为 1.8～2.8 米，体重为 227～272 千克，最大的记录体长为 3.3 米，体重超过 300 千克。东北虎体毛的橘黄色比其他种的虎要淡一些，它身上的条纹不是黑色而是棕色，条纹的间隔比较宽。它的胸部与腹部都为白色，颈部环绕着一圈白色的毛。

东北虎

东北虎生活在森林、灌木丛和野草丛生的地带，它主要的食物是麋鹿和野猪，其次是小型哺乳动物和鸟。在陆地上的食肉类动物中，东北虎的猎杀能力难逢敌手。它肩部和背部的肌肉极为发达，四肢粗壮；强有力的颌部支持着长达 7 厘米的犬齿，很少有猎物能逃脱这对绝杀利器；它巨大的虎爪令人望而生畏，据一些富有经验的驯兽师讲，即使被虎爪轻轻一扫，也可能带来最严重的后果。

孟加拉虎

孟加拉虎主要生活在印度，也有一些分布在尼泊尔、孟加拉、不丹等国，我国的西藏也有孟加拉虎出没。雄性孟加拉虎平均身长为 2.9 米，体重约 220 千克；雌性比雄性小。孟加拉虎的毛色和体型介于东北虎与华南虎之间，毛色比东北虎深，比华南虎淡，体毛比华南虎更短，黑纹细长而清晰。它另一个显著的特点是尾巴很细。孟加拉虎的猎物主要是野鹿和野牛。它们的领土范围雌性为 10～39 平方千米，雄性为 30～105 平方千米。孟加拉虎在现存的各种虎中数量最多，野生的孟加拉虎大约有 3 000～5 000 头。

孟加拉虎还有一种变种虎——白虎。它的体色与普通老虎不同，为白色，条纹为深褐色或黑色，眼睛为天蓝色。白虎性情比较温和，体态优美，被誉为"小姐虎"。野生白虎主要分布在印度的雷韦地区，但非常罕见，几乎见不到。目前，全世界大约有 200 只左右白虎，主要生存在美国、印度、英国和中国等少数几个国家，而且都是人工饲养的。

印支虎

印支虎全称为印度支那虎，又名东南亚虎，分布在泰国、柬埔寨、老挝、越南、马来西亚和中国云南南部。印支虎比孟加拉虎小，雄性平均体长 2.7 米，体重约 180 千克。印支虎体毛比华南虎短，身体颜色比华南虎浅，但比孟加拉虎深，黑色条纹又短又窄。印支虎的食物是野猪、野鹿和野牛。这种虎的地盘大小并不是太清楚，不过在理想的栖息地中一般是每 100 平方千米有 4～5 只成年虎。

印支虎生活在偏僻的山地和山区的森林中，这些地区往往在两个国家的边境交界处。进入这些地区是受限制的，只有生物学家才被允许进入考察。结果人们对于这一地区野生虎的生存状况了解得比较少。目前大约有 800～2 000 只野生的印支虎，还有大约 60 只生活在亚洲和美洲的动物园中。

巴厘岛

巴厘岛是印尼 13 600 多个岛屿中最耀眼的一个岛，位于印度洋赤道南方 8°，爪哇岛东部，岛上东西宽 140 千米，南北相距 80 千米，全岛总面积为 5 620 平方千米。人口约 315 万人。地势东高西低，山脉横贯，有 10

余座火山锥，东部的阿贡火山海拔 3 142 米，是全岛最高峰。日照充足，大部分地区年降水量约 1 500 毫米，干季约 6 个月。经济发达，人口密度仅次于爪哇，居全国第二位。居民主要是巴厘人，信奉印度教，以庙宇建筑、雕刻、绘画、音乐、纺织、歌舞和风景闻名于世，是世界著名旅游胜地之一。

延伸阅读

虎 符

我国古代对虎的形象十分崇拜，特别是在军事上，比如在调兵遣将的兵符上面就用黄金刻上一只老虎，称为虎符。虎符最早出现于春秋战国时期，当时采用铜制的虎形作为中央发给地方官或驻军首领的调兵凭证，称为虎符。虎符的背面刻有铭文，分为两半，右半存于朝廷，左半发给统兵将帅或地方长官，并且从来都是专符专用，一地一符，绝不可能用一个兵符同时调动两个地方的军队，调兵遣将时需要两半勘合验真，才能生效。在中国历史博物馆中藏有"西汉堂阳侯错银铜虎符"一枚，长 7.9 厘米，2.5 厘米，虎作伏状，平头，翘尾，左右颈肋间，各镂篆书两行，文字相同，"与堂阳侯为虎符第一"。西安市的陕西博物馆也藏有一枚从西安西郊发现的虎符，据考是公元前 475 至公元前 221 年的战国文物，称为秦代错金"杜"字铜虎符，高 4 厘米、作猛虎疾奔状，象征军威和进军神速。虎符的身上刻有嵌金铭文 40 字，记述调兵对象和范围，制作却极为精巧。

豹

豹是食肉目猫科豹属动物，广泛分布于非洲撒哈拉沙漠以南、北非、中东部分地区、东南亚和远东大部分地区和美洲。世界上的豹有 20 多个亚种，主要有金钱豹、猎豹、云豹、雪豹、美洲豹和黑豹等。中国有 3 个亚种：华南豹、华北豹和东北豹。

豹的体型似虎，但比虎小。它身材细长，除黑豹外，其余的种类全身为橙黄色，身上布满黑色斑纹，雌雄毛色一致。豹生活在山区森林、灌木丛和荒原上，特别喜欢生活在茂密的森林中。它喜欢单独活动，昼伏夜出，没有固定的巢穴，常以崖洞或树丛为住处。豹生性机警，善于攀树和跳跃，常常蹲在树枝上守候猎物，当猎物经过时，它便一跃而下擒获猎物。它主要捕食猴子、羚羊、野猪、小型鹿类、野兔、鸟、家畜，有时也攻击人。

豹在冬春季节开始发情交配，雄豹常为争偶相互搏斗。雌豹怀孕期为 3 个月，春夏季产崽，每胎产 2 ~ 4 崽，幼豹 1 年后离开母豹独立生活。豹的寿命约为 10 ~ 20 年。

金钱豹

金钱豹生活在非洲和亚洲南部的森林、草丛和山区地带。金钱豹体长在 1 米以上，体重约 50 千克，最大的有 80 千克。金钱豹头圆耳短，四肢强健有力，爪子锐利，棕黄色的体毛上布满黑色斑点和环纹，如同中国古代的铜钱，因此得名"金钱豹"。

金钱豹

金钱豹是一种食性广泛、性情凶猛的大型食肉兽。它视觉和嗅觉灵敏异常，既会游泳，又善于爬树，无论怎样高的树它都能爬上去。它常到树上捕食猿、猴和鸟类，或者潜伏在树杈上一动不动，两眼盯着下面，一旦下面有鹿、野猪或野兔等走过时，它便马上跳到它们的背上，咬杀对方。

金钱豹的机警、灵敏和勇敢在食肉猛兽中是少见的。它不但会袭击像骆驼、长颈鹿那样的食草动物，就连比它大一倍的山中之王——猛虎，它也敢主动攻击，此外，它还经常偷食家畜，有时袭击人类，它吃人比老虎更残酷，更难对付。金钱豹白天隐藏在丛林深草之中，日暮时分才出来活动。

金钱豹的毛皮非常美丽，但这也为它带来了杀身之祸。近年来金钱豹的数量急剧下降，我国已将它列为国家一级保护动物。

猎豹

猎豹主要分布于非洲。猎豹身材细长，体长 1.2～1.3 米，体重约 30 千克。它头小而圆，颈部的毛又长又密，身体上部的毛为黄褐色、灰黄色或赤褐色，腹部和四肢内侧一般为白色，全身布满黑色的小圆斑，尾毛蓬松，背面有斑点，尾尖白色。

在所有的大型猫科动物中，猎豹的腿最长。猎豹是陆地上跑得最快的动物，时速可达 120 千米，而且爆发力惊人，从起跑到最大速度仅需 4 秒，但缺乏耐力，无法长时间追逐猎物。

猎豹的猎物主要是羚羊和小角马等中小型有蹄类。猎豹有两种捕猎方法：一种是装作毫不在意的样子在一群正吃草的羚羊旁边徘徊，但实际上已经选中了其中离羚羊群较远的一只为捕食对象；一种方法是将身体贴近地面，向猎物匍匐靠近，当靠得足够近时，猎豹就猛地跃起，将猎物扑倒在地，然后咬住猎物喉咙使它窒息而死。猎豹不会上树，它的爪子无法像其他猫科动物那样能随意伸缩，因此它无法和其他大型肉食动物如狮子、土狼等对抗，辛苦捕来的猎物经常被它们抢走。

猎豹平时独居，只是在交配繁殖时雌雄性才走到一起。雌猎豹 17～20 个月繁殖一次，怀孕期为 90～95 天，每胎产 1～8 崽。小猎豹出生的最初 6 个月，母亲把它们隐藏在草丛之中独自抚养。小猎豹出生 3 个月后就断奶了，它们跟在母亲的身后，学习狩猎的本领。约一年半后它们开始独立生活，寿命一般为 12 年。

雪豹

雪豹又称艾叶豹，分布在中亚和中国四川、西藏、青海、新疆等地。雪豹身长 1～1.3 米，重约 40 千克，灰白色的体毛又长又密，遍体布满黑色斑点和黑环。

雪豹号称"雪山之王"，是栖居海拔最高的猫科动物，它终年栖息在海拔 2 700～6 000 米的雪线附近。雪豹行动敏捷，它的跳跃能力十分惊人，一跳可达 6 米高，并且能够跳 15 米远，是跳得最远的食肉动物之一。

雪豹喜欢单独活动，昼伏夜出，每日清晨及黄昏为其捕食、活动的高峰。其主要猎物有野山羊、盘羊、狍子和旱獭等，有时也袭击牦牛群，追咬掉队的牛犊。雪豹在猎食时不会像豹似的埋伏在树上，它常常会在积雪的悬崖处坐着观望四周。由于高原地带寒冷，所以雪豹体表有厚厚的绒毛，腹部的毛长可达 12 厘米，它休息时，常常用蓬松的尾巴裹住身体和面部来取暖。

雪豹每年 1—3 月发情，雌雪豹怀孕期约 100 天。4—6 月产崽，每胎产崽 2～5 只。幼崽 3 个月后可随母豹练习捕猎，约 1 年后独立生活，寿命约 10 年。雪豹因豹骨和豹皮价格昂贵而遭到人类的过度捕杀，现已濒临灭绝。

美洲豹

美洲豹，又称美洲虎，西半球最大的猫科动物，猫科中的全能冠军。但它既不是虎也不是豹。外形像豹，但比豹大得多，为美洲最大的猫科动物。一般居住于热带雨林，可以捕食鳄鱼等动物，身手十分矫健，美洲豹集合了猫科动物的所有优点，是猫科中名副其实的全能冠军，既有虎、狮的力量，又有豹、猫的灵敏，特别是其咬合力和犬齿在猫科中最强，使猎物毙命的效率最高，喜欢直接洞穿猎物的头盖骨是其一大特点。

美洲豹性情比狮虎还要凶猛，河里作战这本不是陆地猛兽的长处，而美洲豹却敢冲入河中捕杀南美鳄。它们广泛分布在南北美洲各处，最北分布至加拿大，最南分布到阿根廷的南部。栖息于森林、丛林、草原。单独行动，白天在树上休息，夜间捕食野猪、水豚及鱼类，善于游泳和攀爬。无明显的繁殖季节，常在春季发情。4 岁性成熟。孕期 100 天左右，每胎 2～4 仔。寿命约 22 年。

知识点

云 豹

云豹分布于东南亚和东亚。它的个子比金钱豹和雪豹都小，体长仅 90 多厘米，尾巴长 75 厘米左右，体重一般也只有 20 多千克，最大的也不过 30 千克。云豹全身为淡灰褐色，头部和四肢有黑色斑点和条纹，身体两侧约有 6 个云状的暗色斑纹，非常漂亮，这也是它得名云豹的原因。

云豹生活在丛林里，平时非常安静，即使当你从它们蟠伏的树枝下走过时，你也不知道你的头顶就有云豹。云豹白天休息，夜间活动。它爬树的本领非常强，喜欢在树枝上守候猎物，等小型动物接近时，就从树上跃下捕食。它跳跃能力极强，可从10多米高处一跃而下准确捕捉大于自己的动物，在平地一跃可达八九米高。云豹爪牙锐利，捕食鸟、猴子、松鼠、野兔、小鹿等小动物，有时偷吃鸡、鸭等家禽，但不敢伤害野猪、牛、马，也不会攻击人。

云豹多在冬季发情，发情期为20～26天，怀孕期为86～93天，一般在春夏季产崽，每胎2～4崽，大多一胎2崽。

➡ 延伸阅读

猎豹的近亲现象

美国科学家斯蒂芬曾经研究了很多野生动物的种群结构。他发现，世界上现在的猎豹都是一些亲缘关系比较近的个体，就是说这些猎豹，都是有一些亲缘关系比较近的个体近交产生的后代。由于它们是近交的后代，所以它们这些个体遗传结构都很相似，就是它们的基因构成很相似，起码就像双胞胎一样。这里面就有一个相关的问题，一般来说，人们特别希望能够多保存一些遗传多样性，希望一个物种的遗传结果差异更大一些。像猎豹这样的物种，遗传结构已经非常小，但是它们在野外能够生存下来，目前也没有任何症状。这表明这个物种，并没有因为近交在衰退，所以说这是个很奇怪的现象。一般来说，认为物种如果是高度近交的个体组成的话，那么它的生存能力是很弱的。

🔴 猫

猫被人类驯化了三四千年（但未像狗一样完全地被驯化），如今，猫成为全世界家庭中极为广泛的宠物。关于猫的种类，目前比较流行的分法有4种：①西方广泛流行的产地分类法：西方品种和外来品种（包括暹罗猫、东方猫等）。②按品种培育角度分类：纯种猫和杂种猫。③按生活环境分类：家猫和野猫。④主要根据毛的长短来分类：长毛猫和短毛猫。

下面我们以第四种分类方法为例进行介绍。

长毛猫：毛长 5 ~ 10 厘米，柔软光滑，视季节不同而稍有变化。身材优美，动作稳健；性格温顺，依赖性强，喜欢与人亲近；叫声柔和，在主人面前喜欢撒娇。虽然被毛需要天天梳理，初夏会掉很多毛。日常护理稍显费事，但作伴侣动物也是备受人们喜爱。长毛猫主要品种有：波斯猫、金吉拉猫、喜马拉雅猫、缅因猫、伯曼猫、安哥拉猫、土耳其梵猫、挪威森林猫、西伯利亚森林猫、布偶猫、索马里猫。

短毛猫：毛短，整齐光滑，肌理细腻，骨骼健壮，动作敏捷，具有野生的特征。日常护理比较容易，懂人语，温顺近人，作为伴侣动物特别招人喜爱。短毛猫品种较多几乎分布于全球世界各地，主要品种有：英国短毛猫、美国短毛猫、欧洲短毛猫、东方短毛猫、暹罗猫、卷毛猫、缅甸猫（分美洲缅甸猫和欧洲缅甸猫）、哈瓦那猫、新加坡猫、曼岛猫（马恩岛猫）、埃及猫、孟加拉猫、苏格兰折耳猫、美国卷耳猫、加州闪亮猫、加拿大无毛猫（斯芬克斯猫）、日本短尾猫、呵叻猫、阿比西尼亚猫、孟买猫、俄罗斯蓝猫、亚洲猫（含波米拉猫）。

猫大多数全身披毛，少数为无毛猫。猫的趾底有脂肪质肉垫，因而行走无声，捕鼠时不会惊跑鼠。趾端生有锐利的爪，爪能够缩进和伸出。猫在休息和行走时爪缩进去，捕鼠时伸出来，以免在行走时发出声响，防止爪被磨钝。猫的前肢有五指，后肢有四指。猫的牙齿分为门齿、犬齿和臼齿。犬齿特别发达，尖锐如锥，适于咬死捕到的鼠类，臼齿的咀嚼面有尖锐的突起，适于把肉嚼碎；门齿不发达。猫行动敏捷，善跳跃。它猎食小鸟、兔子、老鼠、鱼等。

据科学家研究发现，猫之所以喜爱吃鱼和老鼠，是因为猫是夜行动物，为了在夜间能看清事物，需要大量的牛磺酸，而老鼠和鱼的体内就含牛磺酸，所以猫不仅仅是因为喜欢吃鱼和老鼠而吃，还因为自己的需要所以才吃。猫作为鼠类的天敌，可以有效减少鼠类对青苗等作物的损害，由猫的字形"苗"可见中国古代农业生活之一斑。

猫的警惕性很高，平时对轻微的声音或潜在的危险都保持着警惕性。它总是想办法把自己置于有利的位置，一旦掌握了主动权，它便会迅猛出击，伸出利爪，向猎物进攻。猫是一种最有耐心的动物，为了捕捉猎物，它经常蹲伏暗处，半眯着眼一动不动地静等猎物的到来。

猫的视觉记忆极好，具有识路的本领。当它们无法用视觉记忆时，就会用地面上的地磁网络来给自己带路。有趣的是，当猫被带离家时，它们不用看就能记住路程。即使把它装进袋子里，它们也能毫不费力地记住回家的路。

猫是如何感受到这种地球的电磁场的呢？原来在猫咪们前爪和后爪的腕关节处，有微小的金属磁性颗粒，这种颗粒只有通过扫描电子显微镜才看得到。这是在骨骼里由精微磁体形成的磁性感官。

猫的视力很敏锐，在光线很弱甚至夜间也能分辨物体，而且猫也特别喜欢比较黑暗的环境。在白天日光很

埃及猫

强时，猫的瞳孔几乎完全闭合成一条细线，尽量减少光线的射入，而在黑暗的环境中，它的瞳孔则开得很大，尽可能地增加光线的通透量。猫的瞳孔的扩大和缩小就像调节照相机快门一样迅速，从而保证了猫在快速运动时能够根据光的强弱、被视物体的远近，迅速地调整视力，对好焦距，明视物体。

不过，猫是色盲，在它的眼中，整个外部世界都是深浅不同的灰色。猫每只眼睛的单独视野在150°以上，两眼的共同视野在200°以上，而人的视野则仅有100°左右。猫只能看见光线变化的东西，如果光线不变化猫就什么也看不见。猫的反应和平衡能力首屈一指，看到猫在高墙上若无其事地散步，轻盈跳跃，不禁折服于它的平衡感。这主要得益于猫的出类拔萃的反应神经和平衡能力。它只需轻微地改变尾巴的位置和高度就可取得身体的平衡，再利用后脚强健的肌肉和结实的关节就可敏捷地跳跃，即使在高空中落下也可在空中改变身体姿势，轻盈准确地落地。

猫的胡子可以明察秋毫。猫嘴的两侧、脸颊、下巴等处长着胡子。胡子根部布满神经，轻微的动静都能察觉，据说2毫克的东西在它面前动，它都能敏锐地感知到。

猫很贪睡，在一天中有14～15小时在睡眠中度过，还有的猫，要睡20小

时以上，所以猫就被称为"懒猫"。但是，只要仔细观察猫睡觉的样子就会发现，只要有点声响，猫的耳朵就会动，有人走近的话，就会腾地一下子起来了。本来猫是狩猎动物，为了能敏锐地感觉到外界的一切动静，它睡得不是很死，所以不应该称之为"懒"，因为猫只有 4~5 小时是真睡。但从小和人类呆惯的猫睡得比较死，睡的时间比较长。

猫有些任性，我行我素。本来猫是喜欢单独行动的动物，不像狗听从主人的命令，集体行动。因而它不将主人视为君主，唯命是从。有时候，你怎么叫它，它都当没听见。猫和主人并不是主从关系，把它们看成平等的朋友关系更好一些。也正是这种关系，才显得独具魅力。另一方面猫把主人看作父母，像小孩一样爱撒娇，它觉得寂寞时会爬上主人的膝盖，或者随意跳到摊开的报纸上坐着，尽显娇态。

猫有洁癖，经常清理自己的毛。小猫在很多时候，爱舔身子，自我清洁。饭后猫会用前爪擦擦胡子，被人抱后用舌头舔舔毛。这是小猫在除去身上的异味和脏物呢。猫的舌头上有许多粗糙的小突起，这是除去脏污最合适不过的工具。

知识点

> **布偶猫**
>
> 布偶猫，俗名布娃娃猫，又称布拉多尔猫。原产地是美国，是由加州的妇女安贝可培育出来的猫种。该猫是猫中体型和体重最大的一种猫。祖先为白色长毛猫与伯曼猫，于 1960 年开始繁育，1965 年在美国获得认可。布偶猫全身特别松弛柔软，像软绵绵的布偶一样，性格温顺而恬静，对人非常友善，忍耐性强，对疼痛的忍受性相当强，常被误认为缺乏疼痛感。非常能容忍孩子的玩弄，所以得名布偶猫，是非常理想的家庭宠物。这种猫不适合让它们外出游戏，它们应该是养在室内的猫。它们可以和小孩子、狗及老人家和平相处，而且非常喜欢和人类在一起，会在门口迎接主人，跟着主人走来走去。

生肖中为何没有猫

十二生肖是代表地支的 12 种动物，常用来记人的出生年。十二生肖中除了龙以外基本上都是生活中比较常见的动物，可是为什么没有猫这种动物呢？

十二生肖的说法源于干支纪年法，传说产生于夏，但没有确凿的证据。可以考证的是，至少在汉代，十二生肖与地支的相配体系已经固定下来了。在汉代以前，我国还没有真正意义上的家猫，无论是《礼记》中所说的山猫，还是《诗经》中"有熊有黑，有猫有虎"的豹猫，都是生活在野外的野生猫。我们今天饲养的家猫的祖先，据说是印度的沙漠猫。印度猫进入中国的时间，大约是始于汉明帝，那正是中印交往通过佛教而频繁的时期。因此，猫来到中国的时间，距离干支纪年法的产生，恐怕已相差千年了，所以来晚了的猫自然没有被纳入十二生肖中。

有趣的是，在越南文化的十二生肖中，却有"猫"无"兔"。至于为什么猫会代替兔子成为十二生肖之一，据说是因为十二生肖刚刚传入越南时，当地人误将"卯年"当成了"猫年"所致。

灵 猫

灵猫科是食肉目的一科。灵猫体型较大且细长，后足仅具 4 趾，四肢短，具腺囊，臼齿 2/2，上臼齿横生，其内叶较外缘为狭。共 35 属 72 种。主要分布在非洲和亚洲南部的热带和亚热带。其中非洲灵猫、大灵猫和小灵猫以产灵猫香闻名世界。中国产 5 种灵猫，其中大灵猫和小灵猫已有人工饲养，并获取灵猫香。

灵猫的雄兽在睾丸与阴茎之间，雌兽在肛门下面的会阴部附近都有一对发达的囊状芳香腺，雄兽开启的香囊呈梨形，囊内壁的前部有一条纵嵴，两侧有 3~4 条皱褶，后部每侧有两个又深又大的凹陷，内壁生有短的茸毛；雌兽开启的香囊大多呈方形，内壁的正中仅有一条凹沟，两侧各有一条浅沟。香囊中缝的开口处能分泌出油液状的灵猫香，起着动物外激素的作用。其实这种分泌物十分恶臭，当发现敌害时，就将这种带有臭气的物质喷射出来迷惑对方，这个御敌的方法非常有效，往往可以使来犯者当即转身离去，自己则趁机逃到树上躲藏起来。灵猫香经过人工精炼、稀释后，可以制成具有奇异的香味的定香剂。

大灵猫

大灵猫的体形较大，身体细长，额部相对较宽，吻部略尖。体长 65～85 厘米，最长可达 100 厘米，体重 6～11 千克。体毛主要为灰黄褐色，头、额、唇呈灰白色，体侧分布着黑色斑点，背部的中央有一条竖立起来的黑色鬣毛，呈纵纹形直达尾巴的基部，两侧自背的中部起各有一条白色细纹。颈侧至前肩各有 3 条黑色横纹，其间夹有两条白色横纹，均呈波浪状。胸部和腹部为浅灰色。四肢较短，呈黑褐色。尾巴的长度超过体长的一半，基部有 1 个黄白色的环，其后为 4 条黑色的宽环和 4 条黄白色的狭环相间排列，末端为黑色，所以俗名"九节狸"。

大灵猫分布于我国秦岭、长江流域以南除台湾省以外的华中、华东、华南、西南各省区，主要栖息于海拔 2 100 米以下的丘陵、山地等地带的热带雨林、亚热带常绿阔叶林的林缘灌木丛、草丛中。平时营独栖生活，喜欢居住在

灵　猫

岩穴、土洞或树洞中，昼伏夜出。活动时喜欢沿着人行小道或在田埂上行走，除了意外情况外，大多数仍然按照原来的路线返回洞穴，这种特殊的定向本领，正是靠它的囊状香腺分泌出的灵猫香来指引的。它在活动时，凡是栖息地内的树干、木桩、石棱等沿途突出的物体，都会用香腺的分泌物经常涂沫，俗称"擦桩"，这种擦香行为起着领域的标记作用，也对其他同类起着联络的作用。当它获得食物或遇到敌害后，就能以最快的速度循着留下的标记所指引的路线准确地返回洞穴。这种分泌物的特点是，气味挥发性强，存留时间久，正好适合大灵猫在离洞穴一定距离的地方，或者空间有植物障碍，以及相隔时间长一些的情况下得到信息。这种利用化学气息联系的方式，叫做化学通讯。灵猫香是一种外激素，由于具有通讯信号的作用，所以又叫信息素。

大灵猫生性机警，听觉和嗅觉都很灵敏，善于攀登树木，也善于游泳，为了捕获猎物经常涉入水中，但主要在地面上活动。它是一种杂食性的动物，主要以昆虫、鱼、蛙、蟹、蛇、鸟、鸟卵、蚯蚓，以及鼠类等小型哺乳动物为食，也吃植物的根、茎、果实等，有时还会潜入田间和村庄，偷吃庄稼以及家鸡和猪仔等。捕猎时多采用伏击的方式，有时将身体没入两足之间，像蛇一样爬过草丛，悄悄地接近猎物，突然冲出捕食。

小灵猫

小灵猫又名七节狸、笔猫、乌脚狸、香猫，外形与大灵猫相似而较小，体重 2~4 千克，体长 46~61 厘米，比家猫略大，吻部尖，额部狭窄，四肢细短，会阴部也有囊状香腺，雄性的较大。肛门腺体比大灵猫还发达，可喷射臭液御敌。全身以棕黄色为主，唇白色，眼下、耳后棕黑色，背部有 5 条连续或间断的黑褐色纵纹，具不规则斑点，腹部棕灰。四脚乌黑，故又称"乌脚狸"。尾部有 7~9 个深褐色环纹。

小灵猫在我国多省均有分布，常栖息于多林的山地，比大灵猫更加适应凉爽的气候。多筑巢于石堆、墓穴、树洞中，有 2~3 个出口。以夜行性为主，虽极善攀援，但多在地面以巢穴为中心活动。喜独居，相遇时经常相互厮咬。小灵猫的食性与大灵猫一样，也很杂。该物种有占区行为，但无固定的排泄场所。每年多在 5—6 月份产仔，每胎 4~5 仔，2 岁达到性成熟。小灵猫也是夜行性动物，白天难得一见。平时都在地面游荡、寻食和到处举尾"擦香"，但也善于登高上树捕捉小鸟、松鼠和跃入水中横渡溪沟、小河。老鼠在小灵猫的食物中所占的比例高达 42.9%~91.7%，是人类灭鼠的天然同盟者。受敌害追袭时，可以从肛门两侧的臭腺中，分泌出具有恶臭的液体，使敌害者不堪忍受，被迫转身逃之夭夭。

知识点

灵猫香

灵猫经常在笼舍四壁摩擦，分泌出具有香味的油质膏，春季发情时泌香量最大。且泌香量大小与动物体形大小、香囊大小、身体健康状况和饲料中蛋白质含量有关。初泌的香为黄白色，经氧化而色泽变深，最后形成褐色。初香带有腥臊味，日渐淡化。取香有3种方式：一为刮香。即是将灵猫隔离，然后用竹刀将抹在木质上的香膏刮下，每隔2~3天取1次。二为挤香，将灵猫放入取香笼中，人工予以固定，拉起尾巴，紧握后肢，擦洗外阴部，板开香囊开口，用手捏住囊后部，轻轻挤压，油质状香膏即可自然泌出，及时收集。取香后要在外阴部涂抹甘油，遇有充血现象可抹抗生素或凡士林软膏，防止发炎。三为割囊取香。人工养殖的灵猫有的冬季取皮或意外伤亡，即可割下香囊，而后将香囊阴干或烘干，或将香囊中的香膏挖出，这种香一般称为死香。灵猫香在医学上主治：辟秽、行气、心腹卒痛、疝气痛、心绞痛、腹痛、疫气。

> ▶▶▶ **延伸阅读**

熊 狸

熊狸是一种食肉目灵猫科动物，又属于蹠行动物，行走的时候脚掌着地，像熊；眼睛遇强光会变成一道竖缝，像猫。熊狸是灵猫科中体型第二大的种类，尾长接近等于体长，尾末端具缠绕性，能缠住树枝支撑身体觅食。毛被长而稀疏，粗糙而蓬松。绒毛长而呈波浪状。足垫大，几乎覆盖整个足底。其体毛黑色蓬松，杂有浅棕黄色。四肢粗壮，五趾有坚强锐利的爪。头、眼周、前额及下颏部呈暗灰色，唇旁长着白色长须。

熊狸栖息于热带雨林或季雨林中，尖锐的爪及能抓能缠的尾巴使其在高大树上攀爬自如，能在树枝间跳跃攀爬寻找食物，同时利用尾巴缠绕树枝协助维持平衡。它们的后肢能往后弯曲很大的角度，以便头朝下从树上爬下来。常年生活在树上，成为典型的树栖动物。熊狸晨昏活动较频繁，它虽然属于食肉目，但是犬齿不发达，切齿也不如其他食肉类那么特化。主要以果实、鸟卵、小鸟及小型兽类为食。熊狸在受威胁时会变得异常凶猛，而在开心的时候会发出咯咯的笑声。

藏 獒

藏獒又称西藏獒、獒犬、番狗、龙狗等，国外称"中国的马士迪夫"。历来藏獒就有很多文字记载：獒，狗的一种，身体大、尾巴长，四肢粗短，黄褐色毛，凶猛善斗，可做猎狗。又《尔雅·释畜》称："犬四尺为獒"，充分阐明獒的身高、体尺特征及性格用途等。为什么称其为獒而不为狗呢？这不仅仅是因为它身高体大、威猛善斗，而是它具有昂首挺立、永不低头的典型特性。

藏 獒

藏獒不论是站立、行走，还是卧地，首先给人的一种感染力是威猛、昂首、傲慢、不可一世的外形气质特征，警觉但对于不侵犯领地的动物却置之不理，正是这种高傲的先天素质，古代汉语造字者可能以"獒"命名的理由是以人之"傲"取掉"人"加"犬"而得，与人可比的地位。另外从生物学意义严格来讲，獒也是一个大型犬品种，与普通狗有明显的差异性，它一年只有一个繁殖周期。

藏獒产于西藏，2 000多年以前藏獒便活跃在喜马拉雅山脉，以及海拔3 000多米以上的青藏高原地区，发展至今，世界上许多国家和地区都有藏獒，中亚平原地区、西藏、青海、四川、甘肃及尼泊尔甚至新疆、蒙古、宁夏境内均可发现藏獒的踪迹。标准的纯种藏獒多见于广大牧区，有狮头型、虎头型之分，有安多系、康坝系、青藏系的类别区分。骨架粗壮、体魄强健、吼声如雷、英勇善斗。藏獒是喜欢食肉和带有腥膻味食物的杂食动物，耐严寒，不耐高温；听觉、嗅觉、触觉发达，视力、味觉较差；领悟性强，善解人意，忠于主人，记忆力强；勇猛善斗，护卫性强，尚存野性，对陌生人具有攻击性。中国古代有"一獒犬抵九狼"的说法。

藏獒因为生活地区不同，在外观上也有差别。据相关资料显示，品相最好的上品藏獒，出于西藏的那曲地区。茂密的鬃毛像非洲雄狮一样，前胸阔，目光炯炯有神，含蓄而深邃。喜马拉雅山脉的严酷环境赋予了藏獒一种粗犷、剽悍美、刚毅的心理承受能力，同时也赋予藏獒王者的气质，高贵、典雅、沉稳、勇敢。还有一种藏獒出于青海地区。这种藏獒几乎没有鬃毛，身上的毛也比较短，体型却更大。但是它的性格没有带鬃毛的藏獒凶猛、沉稳。

西藏獒据说是举世公认的最古老而仅存于世的稀有犬种，在古老的东方有关藏獒神奇的传说已被神话为英勇护主事迹的化身。它忠心护主的天性，不仅是游牧民族的最佳保护犬，同时也被认定是国王、部落首长的最佳护卫犬。历史上有"九犬成一獒"的说法，被看作西藏人的护卫犬和保护神。是世界上不怕野兽的犬种之一，故藏獒又有"东方神犬"之称。

当然，现在随着藏獒从青藏高原走向像北京这样的大城市，藏獒的基因也慢慢地退化，它们已经不是那样充满原始的野性，现在纯种的藏獒已经很难得到。

知识点

喜马拉雅山脉

喜马拉雅山脉是世界海拔最高的山脉，位于亚洲的中国与尼泊尔之间，分布于青藏高原南缘，西起克什米尔的南迦帕尔巴特峰（8 125 米），东至雅鲁藏布江大拐弯处的南迦巴瓦峰（7 756 米），全长 2 400 千米。主峰珠穆朗玛海拔高度 8 844.43 米。这些山峰终年为冰雪覆盖，藏语"喜马拉雅"即"冰雪之乡"的意思。

喜马拉雅山脉最典型的特征是扶摇直上的高度，一侧陡峭参差不齐的山峰，令人惊叹不止的山谷和高山冰川，被侵蚀作用深深切割的地形，深不可测的河流峡谷，复杂的地质构造，表现出动植物和气候不同生态联系的系列海拔带（或区）。从南面看，喜马拉雅山脉就像是一弯硕大的新月，主光轴超出雪线之上，雪原、高山冰川和雪崩全都向低谷冰川供水。不过，喜马拉雅山脉的大部却在雪线之下。创造了这一山脉的造山作用至今依然活跃，并有水流侵蚀和大规模的山崩。

▶▶▶ **延伸阅读**

杨志军小说《藏獒》

作品中，主人公"父亲"在与藏獒的接触中看到了这种高原动物身上所具有的人类传统的尊严、责任和忠诚等美好品德。藏獒代表着一种自我反省、自我约束、独善其身的精神。在那个利益纷争的社会，它是干净的。比如说，藏獒从不乱咬人，从不争抢别人家的食物，但是当外人侵犯到它的主人时，它会毫不犹豫地扑上去。虽然比较凶猛，但却是有规则、有秩序的。作者以人性化的手法描写"獒性"，其实也是用"獒性"呼唤人性。獒性是对狼性的反动，也是人性指标的另类显示，是我们极端缺乏的道德良心的体现。作者写藏獒，也有一种用动物启蒙人类的冲动。藏獒是一种高素质的存在，在它身上，体现了青藏高原壮猛风土的塑造，集中了草原的生灵应该具备的品质：孤独、

冷傲、威猛和忠诚、勇敢、献身以及耐饥、耐寒、耐一切磨砺。它们伟岸健壮、凛凛逼人、疾恶如仇、舍己为人，是牧家的保护神。说得绝对一点，在草原上，在牧民们那里，道德的标准就是藏獒的标准。很显然，作者书写的"獒性"在一定程度上正是当代人类所日益缺乏的美好品德。

 狼

狼，虽不是高级动物，但却是很优秀的动物之一。它之所以能屹立于动物界的大家庭中，是因为它们具有许多其他动物不具备的优良品性和精神。狼总是双目低垂，神情坦然，不发怒，不倦怠，不虚张声势地吼叫，不会绝望地昏睡，更不屑于低三下四向人们乞讨食物。它那富有弹性的脚步和充满活力的肌肉总是透露出鲜明的节奏感；它在笼子里不停地来回走动，不卑不亢，无休无止。这使人感到，狼的信念始终不灭，它时刻在准备着破笼而出，有一种不返山林誓不罢休的精神和决心。

狼的体型特征因生存环境的不同而差异较大。生活在北方地区的狼个头大，皮毛较厚，体重可达60千克；生活在南方地区的狼体型相对要小得多，体重一般不超过30千克；生活在中东地区的狼体重甚至只有14千克左右。包括尾巴在内，狼的体长大约1.4~2米。狼站立时肩高平均65~95厘米。生活在南方地区的狼习惯单独活动，不群居；生活在北方地区的狼在猎物丰富的夏秋季节单独活动，冬季时集群活动，合作出猎。狼虽然凶残，但同类间却很少自相残杀。狼的食量很大，一次能吞吃十几千克的肉。生活在北方的狼会组成狼群共同生活。狼群通常包括一对成年狼和它们的后代，大的狼群还可能包括它们的亲族。狼群一般会随着小狼崽的出生和成长而逐年扩大。狼家庭组建的第二年，狼群便会有6~9个成员了，狼崽在狼群中一直呆到长大成年。

狼是典型的食肉动物，尽管在迫不得已时也吃草、果子甚至蘑菇，但肉还是它们最理想的食物。为了生存，它们必须捕猎其他动物。狼不仅捕猎兔子、老鼠等小动物，更喜欢捕猎鹿、驯鹿、驼鹿等庞大的猎物，以保证在长时间内享有食物。在夏季，狼的食物98%都是比河狸还要大的猎物。在冬季，狼的食物中大猎物所占的比例则更高。

狼主要以有蹄类动物或有蹄哺乳类动物为捕猎对象。狼的食物的种类还与狼的生存环境有关。生活在北方的狼不仅捕食驼鹿、驯鹿和麋鹿，有时也能捕到野牛等剽悍体壮的大个头猎物，但通常是老、弱、病、幼的动物，因为这些动物更容易捕捉到。聪明的狼群经常长途奔袭寻捕大型猎物中的弱者。同时，狼也捕食河鲤、豪猪、野兔、兔子、蛇，以及鸭子、松鹎等动物。

狼是一种群居动物，它们不同于虎和豹等猛兽单打独斗的捕猎方式，捕猎是靠集体的力量。狼群在捕猎时，既有明确的分工，又有密切的协作，齐心协力用集体的力量战胜比自己强大得多的对手。许多动物并不怕单独行动的狼，单独行动的狼也往往会成为其他大型食肉动物的美餐。但是一群狼，一群有着团队精神、严密组织与配合默契的狼群，足以让狮、虎、豹、熊等猛兽胆战心惊。为了协同作战，狼群有着严明的组织和具体的分工。捕猎时，分工明确，步调一致。同时，狼群又有严格的等级划分，低级的必须无条件地服从上级，以保证行动统一，最终完成捕获猎物的任务。

物竞天择，适者生存。狼好像非常明白大自然的生存原则。为了在残酷的动物界生存下来，富有进取精神的狼从不守株待兔，而是认真主动地观察和寻找目标和猎物，主动攻击一切可以攻击和捕获的对象。狼群在捕猎时会遇到猎物的拼死抵抗，一些大型猎物甚至还会伤及狼的生命。但只要锁定了猎物，不管奔袭多远的路程，耗费多大的体力，冒多大的风险，狼群是不会放弃的，不捕获猎物誓不罢休，永不言败。敏锐的嗅觉使狼更善于抓住捕捉机会。狼在活动中时刻都保持着高度的警惕，非常注意观察自己周围的环境变化，留意任何一个在视线范围内出现的对手和猎物，绝不放过任何一次进攻的机会。在各种恶劣环境和条件下，狼群总是能捕捉到猎物，表现出超强的生命力和适应力。

当然，狼在追捕猎物时也常常有被猎物踢死、踩伤的危险。尤其在追捕比它们强大的猎物时，情况更是这样。有时，狼还要泗水过河追逐猎物，这样就常有被急流吞没淹死的危险。另

北极狼

JIEXI DONGWU DE XIONGMENG TIANXING

外，在猎物稀少的季节，狼也可能被饿死。同时，自然灾害也会给狼群造成灭顶之灾。

狼的怀孕期一般为63天。生活在北方的狼一般在4月末或5月初分娩，而生活在南方的狼却在3月中旬之前分娩。狼一般每胎可生5~6只，最多的可生11只。刚出生的狼崽全身深褐色或蓝灰色，并长满短毛，重3~4千克，长25~33厘米。刚降生的小狼崽既看不见东西也听不到声音。这段时间，狼崽全靠狼妈妈喂食和取暖。狼妈妈每天用反吐的食物来喂养狼崽，所有的狼都会很喜欢这些小狼，大家轮流喂它们，和它们一起玩耍。看到成年狼捕食回来，小狼崽们便会跑过去舔它们的脸和嘴，意思是要吃的。幼狼的行为会刺激成年狼的反吐活动。在狼崽出生的几个星期内，狼群集体的照料和关怀一直伴随着幼崽的成长。成年狼会自觉地为小狼崽和狼妈妈寻找食物，会在狼妈妈外出捕食时帮助照看小狼崽……总之，养育和照顾幼狼是所有狼群成员的责任和义务，它们都会自觉地参与这项工作。狼崽长大后会离开狼群去寻找自己的伴侣，然后组成新的家族，发展新的狼群。这样，一个狼群就不会变得太大。在食物充足的时候，有些成熟的狼崽也会在狼群中一直生活下去。然而，一旦出现猎物短缺的情况，年轻的狼崽就会离开家庭自谋生路。

狼群不仅能做到计划生育，而且还能做到优生优育。在一个典型的狼群中，总是通过激烈的竞争推选出一只最为强壮的雄狼为狼王。在狼群中，只有狼王才有权与占有优势的雌狼进行交配繁殖，而其他有生育能力的雌狼和雄狼都无权交配。狼群采取这种优生优育的办法，限制了过多的繁殖，从而保障了有限的食物来源，而狼群不至于挨饿或自相残食以至造成种族的灭亡。再者，参加交配的雄狼和雌狼都是狼群中"佼佼者"，这就保证了后代的"优选性"，做到了一代更比一代强。

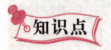

知识点

豪　猪

　　豪猪是啮齿目动物中的一类。身体肥壮，自肩部以后直达尾部密布长刺，刺的颜色黑白相间，粗细不等。受惊时，尾部的刺立即竖起，刷刷作响以警告敌人。

豪猪栖息于低山森林茂密处。穴居，常以天然石洞居住，也自行打洞，夜行的习性。活动路线较固定。以植物根、茎为食，尤喜盗食山区的玉米、薯类、花生、瓜果蔬菜等。秋、冬季交配，翌春产仔，每胎产2～4只，大多2只。豪猪的身体强壮，看上去却有些笨头笨脑，过家族生活，尤在冬季更喜群居，如果有敌人进攻，豪猪用有刺的尾巴还击，豪猪的巢洞虽是自己挖掘修筑，但主要是扩大和修整穿山甲和白蚁的旧巢穴而居，豪猪约1米长，但它却是一个攀爬能手。

豪猪在中国分布于秦岭及长江流域以南各省。国外见于尼泊尔等地区有分布。豪猪肉味鲜美可口，其胃和刺等均可入药。易于饲养，可供观赏。

延伸阅读

狼的十大品质

狼身上有许多可贵的品质，概括起来有以下10点：一、卧薪尝胆。狼不会为了所谓的尊严在自己弱小时攻击比自己强大的东西。二、众狼一心。狼如果不得不面对比自己强大的东西，必群而攻之。三、自知之明。狼也很想当兽王，但狼知道自己是狼不是老虎。四、顺水行舟。狼知道如何用最小的代价，换取最大的回报。五、同进同退。狼虽然通常独自活动，但狼却是最团结的动物，你不会发现有哪只狼在同伴受伤时独自逃走。六、表里如一。狼也很想当一个善良的动物，但狼也知道自己的胃只能消化肉，所以狼唯一能做的只有干干净净地吃掉每次猎物。七、知己知彼。狼尊重每个对手，狼在每次攻击前都会去了解对手，而不会轻视它，所以狼一生的攻击很少失误。八、狼亦钟情。公狼会在母狼怀孕后，一直保护母狼，直到小狼有独立能力。九、决不溺爱。狼会在小狼有独立能力的时候坚决离开它，因为狼知道，如果当不成狼，就只能当羊了。十、自由可贵。狼不会为了嗟来之食而不顾尊严地向主人摇头晃尾。因为狼知道，决不可有傲气，但不可无傲骨，所以狼有时也会独自哼哼自由歌。

豺

豺的别名之多在兽类中名列前茅，有红狼、红豺、豺狗、斑狗、棒子狗、扒狗、绿衣、马彪、赤毛狼等称谓。在国外，豺则被叫做亚洲野犬或亚洲赤犬。豺的外形与狼、狗等相近，但比狼小，而稍大于赤狐。豺的头宽，额扁平而低，吻部较短，耳短而圆，额骨的中部隆起，所以从侧面看上去整个面部鼓了起来，不像其他犬类那样较为平直或凹陷。豺的体毛厚密而粗糙，体色随季节和产地的不同而异，一般头部、颈部、肩部、背部及四肢外侧等处的毛色为棕褐色，腹部及四肢内侧为淡白色、黄色或浅棕色，尾巴为灰褐色，尖端为黑色。

豺的分布范围较广，主要是亚洲的东部、南部、东南部和中部等地区，即北起西伯利亚南部，南至南洋群岛各国，西从克什米尔一带的喜马拉雅山地，东达乌苏里江一带，包括俄罗斯、克什米尔、不丹、尼泊尔、缅甸、泰国、印尼等国家和地区及我国的大部分地区。豺在我国分为5个亚种：分布于东北黑龙江、吉林地区的是东北亚种；分布于华东、华南和贵州等地的是华东亚种；分布于四川西部、北部以及西藏昌都地区的是四川亚种；分布于喜马拉雅山地区的是喜马拉雅亚种；分布于新疆的是新疆亚种。

豺在各个地区的分布密度均较为稀疏，数量远不如狐、狼等那样多。栖息的环境也十分复杂，无论是热带森林、丛林、丘陵、山地，还是海拔2 500～3 500米的亚高山林地、高山草甸、高山裸岩等地带，都能发现它的踪迹。豺居住在岩石缝隙、天然洞穴或隐匿在灌木丛之中，但不会自己挖掘洞穴。豺喜欢群居，多由较为强壮而狡猾的

豺

"头领"带领一个或几个家族临时聚集而成，少则 2~3 只，多达 10~30 只，但也能见到单独活动的个体。当群体成员之间发生矛盾的时候，也会互相厮咬，常常咬得鲜血淋漓，有时甚至连耳朵也被咬掉。豺平时的性情十分沉默而警觉，但在捕猎的时候能发出召集性的嚎叫声。豺捕猎多在清晨和黄昏，有时也在白天进行。豺善于追逐猎物，也常以群体围攻方式捕食。豺的行动敏捷，善于跳跃，原地可跳到 3 米多远，借助于快跑，能跃过 5~6 米宽的沟壑，也能跳过 3~3.5 米高的岩壁、矮墙等障碍，其灵活性胜于狮、虎、熊、狼等猛兽，接近于猫科动物中最为灵活的猞猁和云豹。

豺的嗅觉灵敏，耐力极好，猎食的基本方式与狼很相似，多采取接力式穷追不舍和集体围攻、以多取胜的办法。它的爪牙锐利，胆量极大，显得凶狠、残暴和贪食。一般把猎物团团围住，一齐进攻，抓瞎眼睛，咬掉耳鼻、嘴唇，撕开皮肤，然后再分食内脏和肉，或者直接对准猎物的肛门发动进攻，连抓带咬，把内脏掏出，用不了多久，就将猎物吃得干干净净。豺虽然偶尔也吃一些甘蔗、玉米等植物性食物，但主要以各种动物性食物为食，不仅能捕食鼠、兔等小型兽类，也敢于袭击水牛、马、鹿、山羊、野猪等体型较大的有蹄类动物。甚至成群的豺能向狼、熊、豹等猛兽发动挑逗和进攻，把它们赶走，从而夺取它们口中的食物。如果这些猛兽不放弃食物，一场激战便在所难免，但多半是豺获得胜利。虽然单打独斗时豺并非它们的对手，但一群豺在集体行动时，互相呼应和配合作战的能力很强。遇到虎的时候，豺通常并不马上冲上前去夺食，而是耐心地等待虎吃饱后离去，再分享它吃剩的食物。不过，在印度曾经发生过多起孟加拉虎与一群豺为了争食而血战的事情，每次都是在虎咬死、咬伤几只或十余只豺之后，没能冲出重围，终于精疲力竭，倒地不起，被这群穷追不舍的豺活活咬死。因此，可以说在亚洲各地的山林中，只有巨大的亚洲象能够免遭豺的威胁。

知识点

乌苏里江

乌苏里江发源于原我国的吉林东海滨的锡赫特山脉主峰南段西麓，靠近东海的石人沟。它原是我国的一条内河，自从清政府与沙俄签订了不平等的《北京条约》以后，成为一条界江。上游由乌拉河和道比河汇合而成。两河均发源于锡霍特山脉西南坡，东北流到哈巴罗夫斯克（伯力）与黑龙江汇合。长909千米，流域面积187 000平方千米。主要支流有松阿察河、穆棱河、挠力河等。乌苏里江有5个月左右封冻期。乌拉河口以下可通航。

乌苏里江鱼产丰富，而且因江面宽阔，水流平稳，便于航运。除了有经济意义外，该江的风景十分优美，是全国没有被污染的几条大江之一。江中的岛屿和两岸植物繁茂，有的地段植被茂密的低山丘陵靠近岸边，水波、树影、岗峦相互辉映，妩媚绮丽。

▶▶▶ 延伸阅读

豺的传说

由于大多数人对豺都很陌生，所以自古至今流传着很多有关豺的民间传说，有些把它说得神乎其神，描绘成一种"有翅能飞，专门吃虎"的动物。也有的说它最爱吃猴子，山里的猴群一见到它，就吓得全部伏倒在地，浑身发抖，不敢动弹，乖乖地让它上前一一摸遍猴头，并从中挑选一个最肥的，用尖嘴啄开脑壳，吸食脑浆，其他猴子才悄悄散去。还有的人将豺、狼、虎、豹4种凶猛的野兽称为"四凶"，豺被列为四凶之首。更为离奇的是，有人称它为"驱害兽保庄稼的神狗"，能消灭包括狗熊、野猪等各种大大小小的害兽，使它们闻风丧胆，销声匿迹，因而为人类保住大量的粮食，而且还会暗中保护行人安全，使之免遭恶兽之害。当豺发现在山地露宿的人后，甚至会悄悄地在他的周围撒上几滴尿，使各种凶禽猛兽闻到这股尿味就会立即逃之夭夭；如果夜里碰到行人，便悄悄地跟在后面，直到行人回到家中，才转身回到密林。如此种种，真是讲得五花八门、天花乱坠。其实，这只是由于豺的行动十分诡秘，人们对它的了解不多才产生了这些神秘的传说。

狐　狸

我们习惯把狐与狸笼统地称为"狐狸"，其实在动物学中，狐和狸是两种完全不同的动物。虽然它们都是食肉动物，大小也差不多，但它们的习性却完全不同。尽管狐和狸在世界各地几乎都有分布，但因为狐的踪影经常出现在人们的视野中，而狸却很少被人们看到，长此以往，人们就习惯把狐叫成"狐狸"了。我们这里所讲的狐狸其实是指动物学中的食肉目犬科狐属动物。

狐的外貌很像狼，身体细长，有一条长长的大尾巴，浑身长着蓬松的细毛，毛色还能随着季节和自然环境的变化而变化。狐生活在森林、草原、丘陵等自然环境中，家安在树洞或土穴之中，习惯在傍晚时分外出觅食，黎明时候回家。

狸俗称野猫，即豹猫，是食肉目的猫科动物，体长比狐稍短而且粗壮，身体长满灰褐色的长毛，全身布满黑色的斑点。狸两只耳朵比狐短，嘴巴较小，两颊横生着粗硬的长胡须，眼睛周围有一片黑褐色的斑纹，尾巴短而粗壮。狸居住在河谷和山野的小溪附近，性情凶猛，捕捉猎物果断利落，但莽撞而又贪食，容易被人捕捉。

狐狸的活动范围非常广泛，在草原、荒漠、丘陵及树丛、森林、河流、溪谷、湖泊等地区都可以生活。它们的适应性很强，能生活在不同气候、地形和植被的环境中。常栖居在黑暗的自然洞穴中，如树洞、土穴、石洞、石缝、墓地等地方，有时也占据兔穴、獾穴为窝。它们大多昼伏夜出，夜间活动觅食，白天在洞穴内睡觉休息。

狐狸的听觉、嗅觉非常发达，生性狡猾，行动敏捷。狐狸的尾根部有一个能分泌恶臭气味的臭腺，它是狐狸攻敌和自卫的法宝。如与敌害狭路相逢时，臭腺能适时排放出奇臭无比的气味，令天敌无法忍受而掩鼻逃走。狐狸平时喜欢单独生活，发情季节会结成小群。每年12月份至次年3月份是狐狸的发情交配期。发情期间，雄狐狸之间会为争夺配偶而大打出手，获胜者最终得到与雌狐狸交配的权利。

狐狸的怀孕期为50～90天。3—4月份产下幼崽。狐狸一般每胎生育5～6只。小狐狸刚出生时双眼紧闭，约14～18天才能睁开。一个月后，小狐狸开始出洞嬉戏玩耍，认识外面的世界。5～6个月后，长大的小狐狸开始独立生活。小狐狸出生后会受到父母的精心照顾，与父母在一起生活的时间也比较长。这样，小狐狸既可以得到父母的保护而免受天敌的伤害，又可以学到各种生存本领。狐狸父母不仅非常疼爱自己的孩子，而且更注重对它们的培养。老狐狸常常带着小狐狸离洞外出，对它们进行打洞、猎食、逃生等示范教育。不过，等小狐狸长大后，老狐狸却会很凶狠地对待它们，疯狂地撕咬、追赶、逼迫它们四散逃遁，无法回家。从此以后，小狐狸就各自离家，开始独立生活了。狐狸的这种教子方法，非常有利于狐狸种群的生存，在某些方面也很值得我们人类学习。

狐狸在世界上的分布非常广泛，根据不同的特点大致可以把它们分为13种，其中常见的有赤狐、北极狐、沙狐、银黑狐、十字狐等。

赤狐

赤狐，又被称为火狐，向来以狡猾而著称。在古希腊的《伊索寓言》中，在我国的古典小说《聊斋志异》中，以及世界上许许多多的童话、寓言、故事和电影里，赤狐往往变化成鬼怪或者美丽而聪明的少女，采取各种手段来骗取人们的信任以达到目的。

狐狸生性多疑，行动前会先对周围环境进行仔细的观察，确信安全后才会行动，这就是"狐疑"一词的来历。在人们的心目中，狐狸几乎就是狡猾的代名词，所以人们也常用"狡猾得像只狐狸"来形容狡黠的人。

赤 狐

人们对赤狐的模样并不陌生，它有着细长的身体，大大的耳朵，尖尖的嘴巴，短小的四肢，身后还拖着一条长长的大尾巴。赤狐背部的毛色多种多样，最典型的毛色是红褐色。红色毛较多的又被称为火狐，灰黄色毛较多的又被称为草狐。赤狐的头部一般为灰棕色，耳朵的背面为黑色或黑棕色，唇部、下颏至前胸部为暗白色，身体侧面略显黄色，腹部为白色或黄色，四肢的颜色比背部稍微深一些，尾毛蓬松，尾尖为白色。

在欧亚大陆和北美洲大陆上，到处都能见到赤狐的足迹。另外，赤狐还被引到澳大利亚等地。赤狐经常活动在森林、灌木丛、草原、荒漠、丘陵和山地等广泛的地带，甚至城市近郊也是它们光顾的地方。赤狐喜欢居住在土穴、树洞或岩石缝中。冬季，赤狐的洞口常会有水汽冒出，并有明显的结霜，以及散乱的足迹、尿迹和粪便等；夏季，洞口周围会有挖出的新土，上面有明显的足迹，还有非常浓烈的狐臊气味。赤狐的住所并不固定，除了繁殖期和育崽期间外，一般都是独自栖息，通常昼伏夜出，但在荒僻的地方，有时白天也会出来寻找食物。赤狐长长的尾巴有防潮和保暖的作用。它也善于游泳和爬树。

赤狐性情狡猾，有超强的记忆力，听觉、嗅觉也很发达，行动敏捷。多数犬科动物都是以奔袭追捕的方式来获取猎物，而赤狐却截然不同，它是想尽各种办法，以计谋来捕捉猎物。赤狐捕猎时，往往先在野鼠、野兔活动频繁的植物茂盛的地带，根据气味、叫声和足迹等寻找猎物的踪迹。然后机警地、不动声色地接近猎物，甚至将身子完全趴在地上匍匐而行，或者钻入洞穴、岩石、树木之下蹲伏下来，作好伺机而动的准备，然后先轻步向前，紧接着步子加快，最后变成疾跑，最后用突袭的方法抓获猎物。

有时，赤狐还会假装痛苦或追着自己的尾巴在地上转圈来引诱穴鼠等小动物的注意，待其靠近后，突然上前捕捉。总之，赤狐的捕猎方法五花八门，每一招都充满了智慧。

银黑狐

银黑狐是赤狐的一个变种，起源于北美洲的阿拉斯加和西伯利亚的东部地区。银黑狐的毛黑白相间，有一层雾状的针毛。银黑狐体型与赤狐基本相同，全身毛色基本为黑色，并均匀分布有银色毛，臀部的银色更重。银黑狐的嘴部、双耳的背面、腹部和四肢毛色均为黑色。在嘴角、眼睛周围有银色毛，脸上有一圈银色毛构成的银环，尾部的绒毛为灰褐色，尾尖为纯白色。银黑狐腰细腿高，尾巴粗而长，善于奔跑，行动敏捷。嘴尖而长，眼睛大而亮，两耳直立，视觉、听觉和嗅觉比较灵敏。狐的汗腺不发达，与狗一样，气温高时通过张口伸舌和快速呼吸的方式来散热。银黑狐每年换毛一次，夏天的毛色比冬天的暗。

野生银黑狐生活在山地、森林、草原和寒冷地带，既捕捉鼠类、蛙、鱼、小动物和禽类，也采食植物的籽实、浆果、根、茎等。一般到秋季时身体长得比较肥胖，随着冬季到来后食物开始短缺，身体也逐渐变瘦。家庭养殖的银黑狐食物主要有肉、鱼、蛋、乳、血、动物下水、鱼粉、谷物籽实和大豆膨化饲料等。

狐狸的性格狡猾、多疑，性情机警，银黑狐则更警觉。银黑狐一年发情一次，一次产崽 4～6 只。经过驯化，有些银黑狐可以抱在怀中，很容易与人亲近。银黑狐的寿命一般为 8～10 年。

北极狐

北极狐又叫蓝狐，分布在俄罗斯极北部、格陵兰岛、挪威、芬兰、丹麦、冰岛、美国阿拉斯加和加拿大极北部等地。其长相既像狼又似狗，体长50～60厘米，体重2～4千克。体型较小而肥胖。嘴短，耳短小略呈圆形。腿短。冬季全身体毛为白色，仅鼻尖为黑色。夏季体毛为灰黑色，腹面颜色较浅。有很密的绒毛和较少的针毛，尾长，尾毛特别蓬松，尾端白色。

北极狐能在零下50℃的冰原上生活，脚底上长着长毛，可以在冰地上行走，不打滑。它们之所以能在这种严酷的自然环境下生存下来，完全得益于它们那身浓密的毛皮。即使气温降到零下四五十摄氏度，它们仍然生活得很舒服。

北极狐

北极狐每年换毛两次。在冬季北极狐披上雪白的皮毛，而到了夏季皮毛的颜色又和冻土相差无几。冰岛和格陵兰甚至有蓝色北极狐变种。在冬季，北极狐的皮毛甚至比北极熊的皮毛还保暖。经过人工饲养可见到大量的毛色突变品种，如影狐、北极珍珠狐、北极蓝宝石狐、北极白金狐和白色北极狐等，统称为彩色北极狐，在国际毛皮市场上是畅销的高档商品，因为北极狐个大，体长，毛绒色好，特别是浅蓝色北极狐，被视为珍品。北极狐狐种价格要比其他狐种价格高出30%～50%。因此，北极狐自然成了人们竞相猎捕的目标。

北极狐是一种迁徙性动物，平均一天能行进数百千米，可连续行进数天。能够在数月时间内从太平洋沿岸迁徙到大西洋沿岸，行程同加拿大的东西距离接近。通常它们会在冬季离开巢穴，迁徙到600千米外的地方，在第二年夏天再返回家园。

北极狐喜欢结群活动，在岸边向阳的山坡下掘穴居住。爱吃狍子、松鼠、兔子、野鸡，也喜食昆虫与野果。它们在树洞或石穴里筑巢而居，听觉非常灵敏，一听到异样声音，便发出"吱吱"的刺耳噪叫，连狼和豹子听了这种叫声也会落魄而逃。它们的这种绝招，是其自卫和进攻的武器。

它们还有一种特殊的性格，就是疑心很重，当咬死猎物后，并不马上开餐，而是先隐蔽起来，探着周围是否有狼和豹子埋伏，如果附近平安无事，才把猎物叼走，如发现猛兽，则放弃猎物马上逃走，以保护自己生命安全。

每年2—5月份是北极狐的发情期。当发情开始时，雌北极狐头向上扬起，坐着鸣叫，这是在呼唤雄北极狐。雄性在发情时，也是鸣叫，比雌性叫得更频繁、更性急些，最后用独特的声调结尾，有些类似猫打架的叫声，也有些像松鸡的声音。北极狐的怀孕期为51～52天，每窝一般8～10只，最高纪录是16只。刚出生的幼狐尚未睁开眼睛，这时母狐会专心致志地给它们喂奶。16～18天，小狐便开始睁眼看世界了。经两个月的哺乳期后，母狐便开始从野外捕来旅鼠、田鼠等喂养小狐狸，每当母狐叼着猎物回来，轻柔地一声呼唤，小狐狸们便争先恐后地冲出洞穴，欢迎母狐，同时分享猎物。约10个月的时间，小狐狸们便开始达到性成熟，随后开始成家立业，过着一种新的生活。

知识点

格陵兰岛

世界最大岛，面积2 166 086平方千米，在北美洲东北，北冰洋和大西洋之间。格陵兰岛是一个由高耸的山脉、庞大的蓝绿色冰山、壮丽的峡湾和贫瘠裸露的岩石组成的地区。从空中看，它像一片辽阔空旷的荒野，那里参差不齐的黑色山峰偶尔穿透白色眩目并无限延伸的冰原。但从地面看去，格陵兰岛是一个差异很大的岛屿：夏天，海岸附近的草甸盛开紫色的虎耳草和黄色的罂粟花，还有灌木状的山地木岑和桦树；但是，格陵兰岛中部仍然被封闭在巨大冰盖上，在几百千米内既不能找到一块草地，也找不到一朵小花。格陵兰岛是一个无比美丽并存在巨大地理差异的岛屿。东部海岸多年来堵满了难以逾越的冰块，因为那里的自然条件极为恶劣，交通也很困难，所以人迹罕至。这就使这一辽阔的区域成为北极的一些濒危植物、鸟类和兽类的天然避难所。矿产以冰晶石最负盛名。水产丰富，有鲸、海豹等。

延伸阅读

貉

　　貉是食肉目犬科动物，外形似狐，但较肥胖，吻尖，耳短圆，面颊生有长毛；四肢和尾较短，尾毛长而蓬松；体背和体侧毛均为浅黄褐色或棕黄色，背毛尖端黑色，吻部棕灰色，两颊和眼周的毛为黑褐色，从正面看为"八"字形黑褐斑纹，腹毛浅棕色，四肢浅黑色，尾末端近黑色。貉的毛色因地区和季节不同而有差异。

　　貉的生活环境颇广，平原、丘陵、河谷、溪流附近均有栖息，穴居，一般利用其他动物的废弃洞穴或营巢于树根际和石隙间。白天在洞内睡眠，夜间外出觅食，行动缓慢。主要以鱼、虾、蛇、蟹、小型啮齿类、鸟类及鸟卵等为食，也吃植物性食物如浆果、真菌、谷物等。北方貉在冬季有蛰眠习性，但与真正的冬眠不同，呈昏睡状态，代谢活动并不停止。天敌有狼和猞猁等。每年3月间交配，一雄配多雌，5—6月间产仔，每胎4~8只，多者达10多只，幼兽生长很快，当年秋天即可独立生活。

　　貉是一种较贵重的毛皮兽，毛长绒厚，板质轻韧，拔去针毛的绒皮为上好制裘原料。针毛弹性好，适于制造画笔。近年来已开展人工驯养。

熊科家族

　　熊科动物从寒带到热带都有分布。躯体粗壮，四肢强健有力，头圆颈短，眼小吻长。行动缓慢，营地栖生活，善于爬树，也能游泳。嗅觉、听觉较为灵敏。它们是由一种类似犬一样的祖先进化而成的，是犬科动物进化道路上的一个分支。熊科动物虽属食肉目动物，但基本上都已偏离了食肉的习性，而成为杂食性动物了。现在只有北极熊这个品种是全肉食性动物。有大熊猫、棕熊、黑熊、北极熊、懒熊、马来熊、藏马熊等等之分。

大熊猫

　　大熊猫是哺乳动物中最受人类喜爱的动物。它体态独特，外貌美丽，既温

顺憨厚，又顽皮淘气，而且很具亲和力，对人类几乎没有伤害性，这也是它为什么备受人们宠爱的原因。然而现今世界上大熊猫的数量已非常稀少，仅分布于中国陕西秦岭南坡、甘肃南部和四川盆地西北部高山深谷地区，是世界上最为珍稀的动物之一，已被我国列为国家一级保护动物，有"中国国宝"之称。

大熊猫全身披有厚厚的毛层，而且它的毛的表面还富含一些油脂，这强化了对其躯体保温的效应。大熊猫的脸蛋圆乎乎的，很像猫脸，这也是它得名熊猫的缘故。它的耳朵又圆又大，可以起到减少热量散失的作用。它的视力不发达，两个眼珠很小，眼球里面的瞳孔很像猫一样是纵裂的。它的听觉比较灵敏，一经听到竹林里出现异常的声音，它就会很快地跑开躲藏起

大熊猫

来，因此在野外很难见到它的真容。它的牙齿不像食肉猛兽的牙齿那样尖利，也不具有撕裂肉块的食肉齿，有 3 对门牙，不发达也无切割能力。

大熊猫从分类上讲，属于哺乳纲食肉目动物，但其食性却高度特化，成为以竹子为生的素食者。它几乎完全靠吃竹子为生，其食物成分的 99% 是高山深谷中生长的 20 多种竹类植物。它最喜爱吃的是竹笋，爱以箪竹、刚竹属的几种竹，以及巴山木竹、拐棍竹、糙花箭竹、华西箭竹、大箭竹的竹笋为食。

大熊猫生性孤僻，它们不像其他以植物为食的兽类那样成员之间紧密合作，过着群居性的集体生活，而保留了像虎、豹等一般食肉动物的特性，分散隐居，过着独栖生活，因此人们把大熊猫雅称为"竹木隐士"。大熊猫好游荡，但不作长距离迁移。它们总爱各自固守着自己的家园，成天在里面游山玩水，食不分昼夜，睡不择栖处，可谓"乐天派"。不过，一到春暖花开季节，为了爱，它们之间会各自打破鸿沟，互相追慕，热恋成婚。

大熊猫善于爬树。别看它身体肥胖，爬树却是能手，它会轻松迅捷地爬上高大树木的枝间。它爬树一般是为逃避敌害、沐浴阳光、嬉戏玩耍、求偶婚配。大熊猫有时还下到山谷，窜入山村小寨或住宅，把锅盆桶具，尤其是圆形的器皿当成玩具，玩耍后弃置山野。有时它们还和羊、猪等家养的牲畜亲善，

同吃同住。

在通常情况下，大熊猫的性情总是十分温顺的，从不主动攻击其他动物或人。当大熊猫听到异常响声时，常常是立即逃避，逃不掉时，它就会像羞涩的少女一般，用前掌蒙面，把头低下，深深地埋在两个前爪中间，所以它又有"熊猫小姐"的称号。

由于竹子的营养低，为了尽可能减少能量消耗，大熊猫将一天的时间主要用在觅食和休息上。它一天中有 54.86% 的时间用于觅食，43.06% 用于休息，2.08% 用于游玩。它吃饱喝足后，就回到家中美美地睡上一觉，但也有"困不择床"的时候，在草坪、雪地、岩石上打个盹，之后又继续觅食。

大熊猫有不惧严寒，从不冬眠的习性，哪怕气温下降到 -14℃，它仍穿行于白雪皑皑的竹林中，选食可口的竹子，更不像黑熊等很多动物，躲藏于树洞或岩洞中冬眠。它还不怕潮湿，终年在湿度 80% 以上的阴湿森林中度过，明代神医李时珍阐述垫睡熊猫皮可以避寒湿、祛邪气，可能缘于此。

大熊猫的生育率很低，雌性大熊猫一般每两年才生育一次，一生才生几个后代。通常一胎一崽，偶见一胎两崽，在野外条件下即使产两崽，大熊猫妈妈也只有能力育活一崽。受精后的雌性大熊猫，怀孕 3～5 个月后，便在秋高气爽时节找一个阴暗背风的树洞或岩洞作产房，衔一些竹枝枯叶作铺垫，准备产崽。产出的大熊猫婴儿十分可怜，闭眼、光身、肉红、尾长，纤弱而不能站立，是一只发育不全的早产儿，体重约 36～200 克，只有母体的 1‰。这在哺乳动物中除袋鼠外绝无仅有，但是袋鼠有育儿袋，大熊猫却没有，可以想象，要把这样的婴儿哺育成活是多么艰难。

棕熊

棕熊别名马熊、人熊、灰熊、哈熊，分布于欧亚大陆和北美洲大陆，在我国主要分布于东北、西北和西南地区。

棕熊身躯庞大，体长 1.8～2 米，体重一般在 150～250 千克之间，较大的能达到 400～600 千克，其中最高纪录为生活于美国阿拉斯加科迪亚克岛上的阿拉斯加棕熊，它站立时身高 2.5 米，体重达 800 千克。棕熊外形与黑熊相似，但毛色不同，多为棕褐色或棕黄色；老年棕熊呈银灰色；幼年棕熊为棕黑色，颈部有一白色领环；胸毛长达 10 厘米。脚掌裸露，长有厚实的足垫。

棕熊性情孤僻，除了繁殖期和抚幼期外，它们都单独活动。在森林中，每个棕熊都有自己的领域，它们常常在树干上留下用嘴咬的痕迹，用爪子在树干上抓挠而留下的痕迹和在树上用身体擦蹭而留下的痕迹等，作为各自领域边界的标志。

棕熊主要栖息在山区的森林地带，并且有随着季节的变化垂直迁移的现象，夏季在高山森林中活动，春、秋季多在较低的树林中生活。棕熊的胃口可以说是好极了，它食性较杂，荤的、素的都爱吃。在动物性食物方面，棕熊爱吃各种昆虫、鲑鱼等鱼类、小型鸟类、野兔、土拨鼠等小型兽类，也吃腐肉，有时还攻击驼鹿、驯鹿、野

棕 熊

牛、野猪等大型动物，甚至袭击人类；在植物性食物方面，棕熊主要吃野菜、嫩草、水果、坚果等，有时也偷食农作物。棕熊有时挖洞掩埋动物的尸体，这是一种储存食物的行为。

棕熊身高力大，性情凶猛，它既能爬树，也能直立行走，而且还是游泳高手。棕熊平时虽然慢条斯理，但它奔跑时速度相当快，时速可达 56 千米，可以轻而易举地追赶上猎物。北美的印第安人因此把它称为"神熊"。

与多数熊类一样，棕熊也有冬眠的习性。棕熊冬眠一般从每年的 10 月底或 11 月初开始，一直到第二年的 3—4 月才结束。为了积累用于冬眠所需的大约 50 千克脂肪，棕熊秋天必须吃掉 400～600 千克的浆果和其他食物。冬天临近时，棕熊便开始准备冬眠的洞穴，它往往在寒风较弱的向阳地带选择大树洞或岩石隙缝处居住，有时也在沼泽地上的干土墩上挖掘地穴，并在洞穴中以枯草、树叶或苔藓作铺垫物。

冬眠时，一般一只棕熊独居一个洞穴，只有雌熊与 3 岁以下的幼崽才同居在一个洞穴中。棕熊在进洞前非常警觉，总是先围着洞口观察一阵，然后迅速跳钻进去，或者后退着进窝，并在进洞前把自己的足迹弄乱，以免被天敌发现洞穴。冬眠期间，棕熊主要靠体内贮存的脂肪维持生命。如果有危险，棕熊随时都会醒来。在较温暖的日子里，棕熊有时也会到洞外活动一段

时间。

每年的5—7月是棕熊的发情交配期，母熊的怀孕期为7~8个月，初春时生育，每胎产2~4崽。初生的幼崽体重约有500克，全身无毛，眼睛不能睁开。30~40天后，幼崽的眼睛才会睁开，半岁以后开始以植物和小动物为食。棕熊幼崽的颈部有一道白色的圆环围绕，但随着年龄的增长会逐渐消失。幼崽特别喜欢直立行走，模样就像孩子学习走路一样，活泼可爱。棕熊幼崽相互之间常常游戏、打闹。雄棕熊不是一个好父亲，不但不承担养育后代的任务，有时甚至会攻击幼崽，但如果被雌兽发现了，雌兽就会冲上去与雄兽拼命，保护幼崽。幼崽4~5岁时性成熟，寿命可达30多年，最长的达47岁。

黑熊

黑熊俗称狗熊、白喉熊、黑瞎子，是分布很广的一种大型动物。黑熊体长1.5~1.7米，体重150千克左右。头圆、耳大、眼小、嘴短而尖，鼻端裸露。体毛黑亮而长，胸部有一块"V"字形白斑。脚上长有厚实的肉垫，前后足均5趾，爪子尖锐但不能伸缩。还有一种白化的黑熊，通身白色，如同北极熊。

黑熊生活在山地森林中，主要在白天活动。它善于爬树、游泳，能直立行走。它的视觉很差，看不清在100米远处的东西，因此又称"黑瞎子"。但黑熊的嗅觉、听觉特别灵敏，它顺风可闻到500米以外的气味，能听到300步以外的脚步声，它正是利用嗅觉和听觉来搜寻猎物的。黑熊最喜欢活动在针阔混交林中，善于攀援，是爬树能手。

会爬树的黑熊

在动物界，行动笨拙的熊科动

物历来是猎人捕捉的最好目标。相比之下，熊科动物中的黑熊却最为机警，它更知道怎样去躲避和应对危险情况。

除了交配期的一两个星期外，成年黑熊都单独生活。到了一定年龄，黑熊会在自己的领地上留下明显的标记。那些老一点的黑熊经过长期的生活，都养成了一定的习惯，经常会在同一条路上走来走去。

黑熊是杂食性动物，它以各种植物的叶、芽、竹笋和一些野果为食，特别喜欢吃蜂蜜，简直可以说是见蜜不要命。它的本领很大，能追寻蜜蜂飞行的方向寻找到蜂窝。一旦找到蜂窝，它就会不顾蜂群的进攻而猛扑上去。由于它的皮厚，被蜜蜂蜇刺几下也没有什么关系。但是如果遭遇大群蜜蜂的围攻，黑熊可就倒霉了，往往被群蜂蜇得鼻青脸肿。被蜇的黑熊一边跑，一边乱抓脑袋，有时还痛得直叫。尽管如此，黑熊仍然不顾危险，经常去掏蜂窝，找蜂蜜吃。

黑熊性情比较温和，惹人喜爱，它们不仅聪明，而且还富有感情。黑熊是动物界中出色的"演员"，经过训练的黑熊能够学会表演走钢丝、挑担子、耍扁担、推车、骑车、拿大顶、爬楼梯、踩球等杂技节目，是动物园里最吸引游客的主要角色之一。黑熊的动作很有趣，常常引得人们哈哈大笑。自然保护区里的黑熊有一部分已经不再怕人，有的还会爬到游客的车上要吃的东西。

大多数黑熊有冬眠的习惯。冬眠前，它寻找有营养的食物，吃饱肚子，然后爬到树洞中冬眠。冬眠期间，它不吃任何食物。

北极熊

在北极地区的众多动物中，北极熊是北极地区独有的，因此，北极熊被人们看做北极地区的"标志性动物"。

北极熊，又称白熊，属于熊的一种。顾名思义，北极熊生活在北极。它们把家安在北冰洋周围的浮冰和岛屿上，还有相邻大陆的海岸线附近，基本呈环状分布。它们一般不会深入到更北端的地方，因为那里的浮冰太厚了，连它们的最主要猎物——海豹也无法破冰而出，没有食物，北极熊自然不会去冒险。在北极茫茫的冰原上，天寒地冻，食物很少，自然条件非常严酷，但北极熊却适应了这里严酷的自然条件，顽强地在这里生活着。北极熊是北极动物群中最富特性的、最为完美的代表。

北极公熊身长可达 2.4 ~ 2.5 米，母熊稍短，为 1.8 ~ 2.1 米，公熊体重可

北极熊 "母子情深"

达 400 千克，最大的甚至可达到 700～1 000 千克，可见，北极熊是陆地上最大的动物之一。

在北极地区，既有冰川、陆地，也有广阔的海洋，为了适应环境，北极熊也不得不过着半水生的生活，其身体结构也作了相应的调整，使北极熊这种陆生哺乳动物也成了游泳和潜水的好手，不仅大熊，就连小熊，也能以每小时 5～6 千米的速度长时间游泳，曾经有人在离海岸 320 千米的海面上看见过北极熊劈波斩浪的英姿。北极熊还可以睁着眼睛，紧闭鼻孔，潜入水下 2 分钟左右，这对于一个陆生动物来说，是很不容易的。

北极熊具有惊人的航海本领和辨向识途的能力。北极熊能像鸟类一样准确无误地辨别方向，而且在北极漫长的极夜里也是如此；北极熊赖以生存的巨大浮冰群几乎经常地处在不停的运动之中，但它能根据浮冰群移动的方向和速度来不断修正自己的路线，选准浮冰，按照自己的方向和路线前进，它甚至还具有准确判断附近有无尚未冰封的水面的惊人本领；北极熊在冰上动作非常敏捷，其奔跑速度可达每小时 60 千米，其在冰上辨向识途，纵横驰骋的能力是非常出色的，它能以非同寻常的技巧在变幻莫测的冰群中来往自如，时而沿着冰岭爬上陡峭、光滑、城墙般的冰山，时而又从一座冰峰跳到另一座冰峰。北极熊熟谙浮冰的特点，可以从似乎难以逾越的冰山雪堆中准确无误地觅出一条理想的通途。有时，北极考察人员甚至以熊迹为 "向导"，因为熊迹是一条最容易走的路径。

北极熊以在北极地区生活的海豹、北极狐、驯鹿、鱼类和鸟卵等为食，有时饿极了，也吃一些像苔藓，地衣之类的植物。北极熊在北极地区实际上是没有劲敌的，所以，它有 "冰上霸王" 之称。

北极熊捕食时，既有耐力，又机敏诡诈。它常以惊人的耐力长时间地守在冰洞旁等候海豹，它巧妙地将它那容易暴露的黑鼻子用熊掌遮住，静卧在积雪浮冰之中，一动不动，悄无声息。只要海豹稍一露头，它便爪子、利齿一起上，将海豹牢牢抓住。即使是在冬天，海豹躲在冰窟窿中，只留一个小孔出气，但为了保持小孔不冻，海豹往往要用嘴啃，于是嘴尖容易露出冰面，仅仅这样，也给了北极熊以可乘之机，北极熊能死死抓住海豹的嘴和头，硬将其拖出冰面。它力大无比，足以使拖出冰面的猎物两肋和骨盆都挤得粉碎。

春末和夏初，北极地区的海豹都喜欢躺在冰面上晒太阳。由于海豹经常受到北极熊的袭击，所以，它们非常警惕，即使是卧在平展光滑的冰面上，也常常抬起头来四下张望，一旦发现危险，它们的后鳍在空中一闪，就滑进冰窟窿里不见了。这样，北极熊首先必须在远处窥探好猎物，然后设计好路线，巧妙地利用每个不大的藏身之地，悄悄地接近猎物，一旦接近猎物，它便猛扑上去，一掌便将海豹的头盖骨击碎。有时，海豹躺在一块断冰上，北极熊为了接近它，可以深深地潜入水中，从水下接近它；有时，北极熊还可推动一块浮冰向前移动，以此作为掩护来接近海豹。

北极熊在北极地区严酷的自然条件之下，捕食并不是一件很容易的事情，往往是一次成功的捕获和整周的挨饿相交替。不过，北极熊能够很好地适应这种环境，首先，它的胃容量大得惊人，它可以一次容纳 50～70 千克的脂肪和肉，它具有一次快速地贮存，然后慢慢消化脂肪和肉的本领；其次，北极熊还有不分季节，随时进入蛰伏状态的特殊本领，每当储备耗尽，又找不到食物时，它们便启用这种备用的本领。

北极熊不畏严寒，具有十分高超的保暖本领。一般它们是不躲入洞穴过冬的。只有怀孕的母熊才会在秋天营建洞穴，然后躲进洞穴生儿育女，以避免冬天的严寒气候对幼熊的伤害。母熊的洞穴都建在其迁徙途中的一些人迹罕至，山石嶙峋的小岛上，都是利用山坡上的积雪，就地取材营造洞穴。有些岛屿甚至像"产院"一样，每年接待大批母熊来此生产，岛屿上"熊穴"遍布，形成一种十分奇特的自然景观。

每年 12 月至次年 1 月，北极熊在洞穴里产仔，一般一胎 2 只，年轻母熊常常只生 1 只。幼熊刚出生时柔弱无力，而且与母熊相比，显得小得出奇，体重仅 1 千克左右。不过，这也是一种对自然条件的适应，因为幼熊是靠母熊的乳汁喂养长大的，可是母熊一冬天都不吃不喝，完全靠体内的贮存来喂养幼仔，显然，如果幼熊太大，母子的生活就难以维持。

北极熊的寿命为 20～25 岁，也有少数能活到 30～40 岁的。母熊每隔 3 年左右才繁殖一次，所以，北极熊的繁殖增长速度是非常慢的。

知识点

马来熊

马来熊又叫太阳熊、日熊，分布于印尼、缅甸、泰国、马来半岛及中国南部边陲的热带、亚热带山林中。马来熊是熊类家族中体型最小的一种，体长1米左右，体重约50千克。它体胖颈短，头部短圆，耳朵和眼睛都较小，鼻、唇裸露无毛。身上黑色的毛短而光滑；鼻与唇为棕黄色，眼圈灰褐色；胸部有一个棕黄色的马蹄形块斑。两肩有对称的毛旋，胸斑中央也有一个毛旋。

马来熊的看家本领是攀爬，于是它把大部分时间都花在了树上，把家也安在枝叶之间。马来熊主要吃果、叶以及昆虫和白蚁。夜间是马来熊的天下，而白天它却会悠闲地躺在树上晒太阳。

延伸阅读

大熊猫名称由来

大熊猫的祖先是始熊猫，大熊猫的学名其实叫"猫熊"，意即"像猫一样的熊"，也就是"本质类似于熊，而外貌相似于猫"。严格地说，"熊猫"是错误的名词。这一"错案"是这么造成的：新中国成立前，四川重庆北碚博物馆曾经展出猫熊标本，说明牌上自左往右横写着"猫熊"两字。可是，当时报刊的横标题习惯于自右向左认读，于是记者们便在报道中把"猫熊"误写为"熊猫"。"熊猫"一词经媒体广为传播，说惯了，也就很难纠正。于是，人们只得将错就错，称"猫熊"为"熊猫"。其实，科学家定名大熊猫为"猫熊"，是因为它的祖先跟熊的祖先相近，都属于食肉目。

浣熊科家族

浣熊分布在美国、加拿大南部、中美洲北部，生活在有森林的池塘、湖泊、溪流、沼泽区及城市郊区。浣熊分为长鼻浣熊（又叫南美浣熊）、蓬尾浣熊、蜜熊、食蟹浣熊等几种。浣熊与我国的珍贵动物小熊猫是近亲，同属浣熊科动物。它个子很小，体长只有65～75厘米，体重在7～13千克之间。它身体又肥又短，四肢细长，嘴巴尖，毛色较杂，灰、黄、褐等色混在一起，面部还有黑色的斑毛。尾巴肥大，上面有黑白相间的环纹，有点像小熊猫。

浣熊是杂食动物，既吃老鼠、昆虫、青蛙、鱼、虾、蟹，也吃果实、鸟蛋。它前爪灵巧，能从小溪和池塘中捕食鱼虾。它喜欢单独活动，白天在地上觅食，晚上则睡在干净的树上。浣熊每次吃东西前总要将食物放在水中洗一下，因而得名。

浣熊不管住在哪儿都离不开水。动物园里的饲养员在给浣熊喂食时，总是在它身边放上一盆清水。因为浣熊吃东西时特别讲究，喜欢将食物先放在水里洗一洗再吃。比如它吃鱼，会先把鱼咬死，用脚按住，伸出利爪剥掉鱼鳞吃鱼肉，它吃一块洗一块，洗洗吃吃，吃吃洗洗，真够忙的！不但如此，浣熊在吃的时候，还不时地洗一洗手。当然它并不像人那样洗手，而是用爪拍打着水，就算洗手了。它洗食物也是如此，把食物放在水中，用前爪拍打着食物。也因为它的这种习性，所以人们叫它浣熊。浣就是"洗"的意思。

浣熊为什么爱洗食物呢？科学家通过观察发现，浣熊这样做并不是为了讲究卫生、爱干净，因为它们有时用泥水洗食物，结果越洗越脏。有的科学家认为浣熊爱洗食物是因为它们的口中缺少唾液腺；有的科学家认为这是因为它们喜欢水中的食物，这些食物吃起来格外有滋味；而有的科学家则不同意这种说法，因为浣熊在吃水分较多的果子和蔬菜时，也要放在水里洗一下，有时它们在没有水的地方找到食物，也会先做出"洗"的动作。

后来科学家通过仔细的观察，终于找到了浣熊爱洗食物的原因。原来，浣熊在自然条件下并不洗什么东西，只是到了动物园中，没有了自由，也没有机会去水中捕食鱼虾，它"英雄无用武之地"，于是便模仿在水里捕食的动作，而这一动作看起来像是在洗食物似的。

浣熊胆子很大，它经常闯入人们的家中或跑到庄稼地里偷东西吃，因而人们称它为"小强盗"。在北美的一些居民家中，常常会看到这位"不速之客"在大肆"抢劫"。

浣熊会用灵巧的前肢抓住房门上的把手，破门而入，进入室内，然后毫无顾忌地翻箱倒柜，打开冰箱，扭开罐头盖，吃这吃那，将屋子弄得乱七八糟的。浣熊虽然很淘气，但长相可爱，讨人喜欢。许多家庭主妇见到它们后，不但不把它们赶出门，还拿好吃的食品招待它们。小浣熊很机灵，如果见到主人拿出奶瓶，就会排队挨个上去喝牛奶。浣熊有时成群结队在路边、城镇翻垃圾桶找食物吃。

母浣熊怀孕期约2个月，在树洞里产崽，一胎2～5崽。浣熊妈妈非常疼爱它的小宝宝，它常常靠在树边，坐着给小浣熊喂奶，还轮流给它们梳理体毛。浣熊妈妈除了哺育自己的儿女外，也会照顾那些失去了父母的"孤儿"。

浣熊妈妈带领儿女们外出游玩时，如果遇上狼、猫头鹰等敌害的袭击，它会用嘴衔着小浣熊逃往他处，或是用脚掌猛击小浣熊的屁股，催它们爬上树躲避。一旦被敌害追得无路可逃时，浣熊妈妈就挺身与敌害搏斗，以保护自己的孩子。

当小浣熊长得稍大一些时，浣熊妈妈就带它们外出，教它们捕食的本领。1年以后，小浣熊已变得体格健壮，能够自己寻找食物和逃避敌害，浣熊妈妈这才放心地让它们独立去闯世界。浣熊的寿命为16～22年。

小熊猫属于食肉目浣熊科动物，又名小猫熊、九节狼、金狗等，分布于我国陕西南部、青海东南部、甘肃南部、四川、云南、西藏，以及尼泊尔、不丹、锡金、缅甸北部等地，在我国属二级保护动物。

小熊猫体型肥圆，外形似熊又像猫，但比熊小得多，又比猫大，因而得名。体重5千克左右，体长50～64厘米。小熊猫主要生活在海拔1 600～3 800米之间的混交林和竹林等高山丛林之中，它白天隐匿于石洞或树洞中休息，晨昏外出活动觅食，喜爱结成5只的小群活动。小熊猫喜欢饮水，常在小溪边活动。它的脚底下长有厚密的绒毛，这使它很适合在密林下面湿滑的地面或者岩石上行走。它走路时前脚向内弯，与熊类走路的姿势类似，显得步履蹒跚。它平时性情较为温顺，很少发出声音，但生气时会发出像猫叫一样的"嘶嘶"声，并会吐唾沫，愤怒时则发出短促而低沉的咕哝声。

小熊猫行动非常灵敏，善于攀树，它白天大部分时间在树上休息、睡觉，遇到风和日丽的天气，也喜欢蹲卧在岩石上晒太阳，显得十分悠闲自得，所以当地的人们又叫它"山门蹲"。它休息的时候，胸部和腹部一般紧贴在树枝上，四条腿自然下垂，还不时地用前爪擦洗自己的白花脸，或者用舌头不断地舔弄身上的细毛，睡眠时用它那蓬松多毛的大尾巴蒙盖住头部或当做枕头，有时也将脚下垂高高地伏卧在树枝上。小熊猫喜食箭竹笋、嫩叶、竹叶及各种野果和苔藓，还捕食小鸟、鸟卵和昆虫等，更喜食带有甜味的东西。每年春天雌性小熊猫发情交配，妊娠期约3个月，每年一胎，每胎2～3崽，偶见4崽，一年后发育成熟。

长鼻浣熊又叫南美浣熊，生活在中美洲和南美洲的森林中。它行动敏捷，善于攀援，是捕食高手。南美浣熊最显著的身体特征是鼻子较长，它白天用长鼻子在地面寻找食物，用强有力的爪子挖掘食物的根茎。它还会爬到很高的树顶上去找果子吃。

蓬尾浣熊生活在美国和墨西哥西部的干燥地区。这种浣熊最大的特征是长有一条美丽的长尾巴，尾毛长而蓬松，上面有黑白相间的环纹。它喜欢在多岩石的地方活动，可以毫不费力地攀上岩壁。蓬尾浣熊以老鼠、鸟类和昆虫等小动物为食。它捕捉猎物时，常常突然猛扑到猎物身上，一口咬死猎物，

长鼻浣熊

然后用牙齿把猎物撕开。当地居民常常用驯服的蓬尾浣熊来捕捉他们住处的老鼠和其他害虫。

蜜熊是浣熊的一种，分布在墨西哥南部、巴西等地。蜜熊体长40～76厘米，体重1.4～4.6千克，身材像猴子，长有一条能卷住东西的长尾巴，有"第五只手"之称。蜜熊主要吃花、果子、蜂蜜、昆虫、小鸟、鸟蛋等，特别爱吃蜂蜜，因而得名。它性格孤僻，喜欢单独活动，主要生活在树上，很少下地活动。它白天在树洞中睡觉，晚上在树上活动觅食。蜜熊善于爬树，它的口角下，喉咙后面以及肚脐附近无毛的部位会分泌腺体擦向树木，以便于与同类联系。

JIEXI DONGWU DE XIONGMENG TIANXING

不 丹

不丹王国简称不丹，是位于中国和印度之间喜马拉雅山脉东段南坡的内陆国，该国的国名当地语言叫"竺域"，意为雷、龙之地。不丹的别称有：神龙之国、森林之国、花卉之国、云中国度。人口695 822人（2010年），不丹族约占总人口的50%，尼泊尔族约占35%。不丹语"宗卡"和英语同为官方语言。藏传佛教（噶举派）为国教，尼泊尔族居民信奉印度教。

水力发电是其经济重要组成部分，约72%水力所产电力售予印度。旅游业是不丹的另外一个重要经济支柱，于1974年开放外国人入境。牦牛、骡、马为重要运输工具。不丹的主要外贸对象和国防援助国是印度。不丹也是世界上最后一个开放电视与网络的国家。虽然不丹经济落后，但于2006年发布的"全球快乐国度排行榜"中，不丹却名列第8位，位列亚洲第一位。

延伸阅读

浣熊洗食物的原因

浣熊的前后肢都长有5个指（趾）头，因此，能捕捉到水中的虾和螃蟹。当捕捉到这些小动物时，它会先洗去这些动物身上的泥土再吃，而且它在吃其他食物之前，也总是要把食物放在水中洗一洗再吃。甚至有的时候，用来清洗的水比食物还脏，它们也要洗洗再吃。有的人认为，这是出于浣熊本能的一种习性，如同狗有往土里埋食物的习性、伯劳有往树枝棘刺上串挂小动物的习性一样，这些习性是祖祖辈辈遗传下来的。在动物的习性中，食性变化是最快的。也有的人认为，这是浣熊十分喜欢清洁才这样做的。

鼬

鼬是鼬科种类动物的通称，全世界共有 177 种。广泛分布于全世界除大洋洲、南极洲之外的各大洲。该科动物的普遍特点是状似鼠而身长尾大，躯体瘦削、四肢较短，属于小型食肉动物，动作矫捷，遇到侵害能由肛门分泌臭液自卫，大多数种类有赤褐色的毛皮，躯体下半部呈白色或黄色。冬天有少数种类如白鼬、伶鼬会褪去夏毛更换冬毛，因而出现白色的个体，是适于雪地景观的保护色。

鼬在山林、草原、湖泊、丘陵、盆地等均有分布，适应性极强。甚至生活于城市乡村等人类环境。喜独居，大多数种类昼伏夜出，极活跃，穴居。行动迅速、诡秘，凭借灵敏的嗅觉和听觉搜寻食物。主要以鼠类为食，亦吃小鸟和鸟卵，鸡或沿河堤、小溪活动捕食蛙类、昆虫和鱼，有时亦盗食家禽。大多数种类的毛皮珍贵、价格昂贵。

黄鼬

黄鼬俗名黄鼠狼，因为它周身棕黄或橙黄，所以动物学上称它为黄鼬。在鼬类中，黄鼬数量最多，经济价值最大。黄鼬繁殖快，每年冬末、春初发情交配，每年换毛两次。毛色鲜艳，呈棕黄、杏黄或金黄色，针毛细密，底绒丰厚，是上等裘皮原料，在国际毛皮市场上被誉为东方水貂。另外黄鼬的皮毛适合制作水彩或油画的画笔，中国人称为狼毫。

黄鼬主要生活在俄罗斯的西伯利亚地区、西藏、泰国等地，中国很多地区都有分布。栖息于山地和平原，见于林缘、河谷、灌丛和草丘中、也常出没在村庄附近。居于石洞、树洞或倒木下。黄鼬的身材修长，四脚短小，是世界上身子最柔软的动物之一，因为黄鼬的腰软善曲，可以穿越狭窄的缝隙，有了这个本领，就可以任意钻进鼠洞内，轻而易举地捕食老鼠了。它们的性情残暴凶狠，绝不放过所遇到的弱小动物，即便吃不完，也一定要把猎物全部咬死。黄鼬的主食是老鼠和野兔，尽管野兔在短距离内跑得很快，但在长时间的高速追逐下，最后总会由于恐惧和力竭而被赶上咬断脖颈，做了黄鼬口下的牺牲品。它常在夜间活动主要以啮齿类动物为食，偶尔也吃其他小型哺乳动物，民间谚语说"黄鼠狼给鸡拜年——没安好心"，实际上黄鼬很少以鸡为食。

JIEXI DONGWU DE XIONGMENG TIANXING

黄鼠狼

黄鼬冬季常追随鼠类迁移而潜入村落附近，在石穴和树洞中筑窝。它们擅长攀缘登高和下水游泳，也能高蹦低窜，在干沟的乱石堆里闪电般地追袭猎食对象。黄鼬的警觉性很高，时刻保持着高度戒备状态，要想对黄鼬出其不意的偷袭是很困难的。一旦遭到狗或人的追击，在没有退路和无法逃脱时，黄鼬就会凶猛地对进犯者发起殊死的反攻，显得无畏而又十分勇敢。黄鼬及其家族的其他成员还有一种退敌的武器，那就是位于肛门两旁的一对黄豆形的臭腺，它们在奔逃的同时，能从臭腺中迸射出一股臭不可忍的分泌物。假如追敌被这种分泌物射中头部的话，就会引起中毒，轻者感到头晕目眩，恶心呕吐，严重的还会倒地昏迷不醒。

香鼬

香鼬又叫香鼠，体长 20～28 厘米，体重 80～350 克。体型较小。躯体细长。颈部较长。四肢较短。尾不甚粗，一般尾长不及体长之半。尾毛比体毛长，略蓬松。跖部毛被稍长。半跖行性。分布于中国的东北、华北、西北和西南等地区；国外分布于西伯利亚和朝鲜。

香鼬栖息于山地森林、平原农田等地带。大多单独活动于灌丛、草坡、洞穴、岩石缝隙、乱石堆等处。白天、夜晚均活动，而以清晨和黄昏活动更为频繁。喜欢穴居，常利用鼠类等其他动物的洞穴为巢。产仔的洞穴附近还常有避难洞穴、贮食洞穴等。性情机警，行动迅速、敏捷。善于奔跑、游泳和爬树。主要以黄鼠、黑线姬鼠等小型啮齿类动物为食，也吃小鸟、小鱼等。

香鼬是小型鼠类的天敌，对于控制农、林、牧业的鼠害有着重要的作用。为农、林、牧业的益兽，对于维持生态平衡有重要作用。在藏医的方剂中，香鼬肉可入药。香鼬皮具有毛绒细平，色泽鲜明，底绒较密，皮板薄韧等特点。适宜制作妇女、儿童毛皮大衣、披肩、皮帽，以及春秋服装的镶边等，深受世人喜爱。

知识点

大洋洲

大洋洲原名澳大利亚洲，又被称为"南方大陆"。面积897万平方千米，是世界上最小的一个洲。大洋洲位于太平洋西南部和南部的赤道南北广大海域中。在亚洲和南极洲之间，西邻印度洋，东临太平洋，并与南北美洲遥遥相对。其狭义的范围是指东部的波利尼西亚、中部的密克罗尼西亚和西部的美拉尼西亚三大岛群。成为亚非之间与南、北美洲之间船舶、飞机往来所需淡水、燃料和食物供应站，又是海底电缆的交汇处，在交通和战略上具有重要地位。大洋洲有14个独立国家，其余十几个地区尚在美、英、法等国的管辖之下。在地理上划分为澳大利亚、新西兰、新几内亚、美拉尼西亚、密克罗尼西亚和波利尼西亚六区。

➡ 延伸阅读

被妖魔化的黄鼠狼

在中国人的印象中，黄鼠狼和狐狸一样，是妖兽。中国人反感黄鼠狼，除了它有偷袭家禽的毛病外，更重要的是它还有与狐狸一样的"魔法"，能够迷惑体弱多病之人。在东北地区，流传着黄鼠狼是会邪术的。如果一个人救了黄鼠狼，那么他这辈子会很好运，但他的第二辈就会受到迫害。如果一个人害了黄鼠狼，那么他会与一只小黄鼠狼一起吊死。也就是说，碰见黄鼠狼就是晦气。在早些年间，人们经常会看到被黄鼠狼"附"上身的人，这种人疯疯癫癫，胡言乱语，一般还都是黄鼠狼的"代言者"，从人的口里说出了黄鼠狼的心思，如："我没偷吃你家的鸡，你们为什么堵了我的洞口？"等等。对付这种病人，人们便请出德高望重的老者或神婆，面对着病人，好言相劝黄鼠狼快快离开，也有使硬手段的，厉声喝斥：如果再不识趣走开的话，就要怎样怎样。

中国人从什么时候开始将黄鼠狼妖魔化的已无从考察，但它的确没有人们想象的那样"神通广大"。它是自然界里常见的小型食肉动物，只是遵循"自然选择"的规律，在进化的过程中，具备了一些其他动物没有的生存技能而已。

貂

貂，又称"貂鼠"，体细长，色黄或紫黑，种类很多，貂属是食肉目鼬科动物中的的一属。貂在中国主要产于东北地区，有多个品种。体型似家猫大小，但较细长，四肢短健。适于生活在寒冷气候，喜安静，多独居，一年两次换毛，食物多样化。属珍贵毛皮动物。

紫貂

紫貂是一种特产于亚洲北部的貂属动物。广泛分布在乌拉尔山、西伯利亚、蒙古、中国东北以及日本北海道等地。生活于海拔 800 ~ 1 600 米的气候寒冷的针叶阔叶混交林和亚寒带针叶林。多在树洞中或石堆上筑巢。除了雌兽生育儿女时在石堆或树洞中筑窝外，其他季节都过着四处流浪的生活。常以石缝、石洞、石塘、树洞等作为临时住处，洞内干净、清洁，还分为仓库、厕所和卧室等，卧室呈小圆形，直径 20 ~ 25 厘米，里面铺垫有草、鸟羽和兽毛等，洞口常有入口与出口之别，活动范围一般在 5 ~ 10 千米左右。

紫貂是在白天活动的猎食者。通过嗅觉和听觉猎取小型动物，包括鼠类、小鸟和鱼类。有时也吃浆果和松果。紫貂大多在森林的地面上筑巢，在天气恶劣或遭遇捕杀时，它们会躲在巢穴中，甚至将食物储藏在里面。

紫貂身长约 40 厘米，体重约 1 千克，寿命 8 ~ 15 年左右。它的四肢短健，后肢比前肢稍长，前后肢均具五趾，还具有肉

紫 貂

垫，弯曲的利爪有半伸缩性，非常适于爬树。尾毛蓬松。野生的紫貂全身为棕黑色或褐色（家养的紫貂有黑、白、蓝、黄等颜色）；稍掺有白色针毛；灰褐色，耳缘污白色，具黄色或黄白色喉斑；胸部有棕褐色毛，腹部色淡。眼睛大

而有神，耳壳大且直立，略呈三角形，尾巴粗大而尾毛蓬松，约占体长的30%～40%。

紫貂的皮毛称为貂皮，在中国只产于东北地区，与"人参、鹿茸"并称为"东北三宝"。貂皮为名贵裘皮，且为传统出口裘皮种类之一。在国际毛皮商品中，貂皮价格最高。国外商人把貂皮当黄金一样储备，因而也有"软黄金"之称。在中国古代，皇帝的侍从们爱用貂的尾巴来做帽的装饰。

紫貂现已被我国列为一级保护动物，严禁捕猎野生的紫貂。

水貂

水貂体形细长，雄性体长38～42厘米，体重1.6～2.2千克，雌性较小。体毛黄褐色，颌部有白斑，头小，眼圆，耳呈半圆形稍高出头部并倾向前方，不能摆动。颈部粗短。四肢粗壮，前肢比后肢略短，指、趾间具蹼，后趾间的蹼较明显，足底有肉垫。尾细长，毛蓬松。

在野生状态下，水貂主要栖息在河边、湖畔和小溪，利用天然洞穴营巢，巢洞长约1.5米，巢内铺有鸟兽羽毛和干草，洞口开设于有草木遮掩的岸边。食物以捕捉小型啮齿类、鸟类、两栖类、鱼类、以及鸟蛋和某些昆虫为食。水貂听觉、嗅觉灵敏，活动敏捷，善于游泳和潜水，常在夜间以偷袭的方式猎取食物，性情凶残。除交配和哺育仔貂期间外，均单独散居。它爱吃牛肉、羊肉、猪肉，甚至有时还吃羊肚肠。

水貂皮坚韧轻薄，毛绒细而丰厚，张幅大，色调淡雅美观，是毛皮中珍贵的高级制裘原料皮，价值不菲。正因为如此，水貂遭到人们的大肆捕猎，数量急剧下降，形势不容乐观。一般认为过度捕猎和生境破坏是导致本种受威胁的主要原因。但考虑到水貂的栖息范围很广，故长期以来作为主要毛皮兽而遭过度捕杀，也许是更主要的原因。

知识点

人 参

人参，多年生草本植物，为驰名中外的珍贵药材，被人们称为"百草之

王"，是闻名遐迩的"东北三宝"（人参、貂皮、鹿茸角）之一。由于人参根部肥大，形若纺锤，常有分叉，全貌颇似人的头、手、足和四肢，故而得名。

人参中含有人参皂苷、人参宁、挥发油、人参酸、甾醇等多种成分和许多有机物、无机物及维生素等，有其他药品所不能比拟的特殊药用价值和疗效。它能补血养气、固津生液、调节神经、开心明目、益智安神、降压健胃等，尤其对于治疗久病衰弱者非常有效。

在中国医药史上，使用人参的历史十分久远。早在战国时代，名医扁鹊对人参药性和疗效已有了解；秦汉时代的《神农本草经》将其列为药中上品；汉代名医张仲景的《伤寒论》中共有113方，用人参者即多达21方；相传明代李时珍之父李言闻曾有《月池人参传》专著。

▶▶▶ 延伸阅读

貂皮质量鉴别

首先区分产地，美国貂皮以"美国黑"为最好，其价格普遍高于北欧貂皮，外观特点是美国貂皮针毛特别短、细、密，基本和绒长度相等，针毛仅仅比绒稍长一点，因此也叫平绒貂，皮板柔软；而北欧貂皮针毛分布粗，尤其是针毛粗而长，扎手，皮板不柔软。用手摸、眼看基本能区分开。母貂的针毛更短，更细，且有一种特殊的光泽，柔滑。

其次，要根据个人的体型与年龄选择适宜的款式和颜色。检查质地，看貂皮的加工是否精良，貂皮需完整，毛绒十足，毛面平齐，颜色匀称，光泽明亮。选购时可将服装抖动几下，不应有掉毛现象，然后将服装放在柜台上，适当用力抓毛丛，也可以看出有无脱毛，拼缝处要平正舒展，不能有卷曲现象。

三是搓揉几下皮料，若发出牛皮纸般响声或手感僵硬，说明皮料鞣透度较差，皮板质量欠佳，也可用手连毛带皮板一起抓起抖动几下，听有无响声和手感是否僵硬，检查其柔软度，以柔软为好。再闻一闻皮毛味道，以没有腥臭味为好，还可掂掂服装的分量，同样大小的皮料，服装以分量轻者为佳。看整体做工，内衬做工以及服装的整体和谐程度，用手拉皮板，看皮板是否脱落。

獾

獾是分布欧洲和亚洲大部分地区的一种哺乳动物，属于食肉目鼬科。獾被单独列入獾属，共有5个亚种：狗獾、猪獾、狼獾、袋獾、蜜獾。通常獾的毛色为灰色，下腹部为黑色，脸部有黑白相间的条纹。耳端为白色。主要吃蚯蚓，但也吃昆虫、甲虫和小型哺乳动物。獾的牙齿极为锋利和坚硬，有人在使用国产军用铁锹，试图挖出生活在中国东北洞穴中的獾时，被獾用牙齿将铁锹咬断。

狗獾

狗獾又名獾、獾八狗子。主要分布在我国的东北、西北、华南、中南等地。是一种皮、毛、肉、药兼具的野生动物。狗獾体重约10～12千克，体长45～55厘米。头扁、鼻尖、耳短，颈短粗，尾巴较短，四肢短而粗壮，爪有力适于掘土，经常在洞里生活，背毛硬而密，基部为白色近末端的一段为黑褐色，毛尖白色，体侧白色毛较多。头部有白色纵毛3条；面颊两侧各一条，中央一条由鼻尖到头顶。下颌、喉部和腹部以及四肢都呈棕黑色。狗獾多栖息在丛林、荒山、溪流湖泊，山坡丘陵的灌木丛中。喜群居，善挖洞。食性很杂，喜食植物的根茎、玉米、花生、菜类、瓜类、豆类和昆虫、蚯蚓、青蛙、鼠类其他小哺乳类、小爬行类等。

猪獾

猪獾遍布于我国华东、华南、西南、华北及陕西、甘肃和青海等地区。国外印度、泰国、马来西亚和苏门答腊等地也有分布。体型大小似狗獾，二者区别主要在于猪獾的鼻垫与上唇间裸露，吻鼻部狭长而圆，酷似猪鼻。体重10千克以上，体长65～70厘米。全身浅棕色或黑棕色，另杂以白色；喉及尾白色；鼻尖至颈背有一白色纵纹，从嘴角到头后各有一道短白纹。从平原到海拔3 000多米的山地都有栖居，生活习性与狗獾相似穴居，住岩洞或掘洞而居，性凶猛，叫声似猪。视觉差，嗅觉发达。夜行性。食性杂，尤喜食动物性食物，包括蚯蚓、青蛙、蜥蜴、泥鳅、黄鳝、蝼蛄、天牛和鼠类等，也食植物性食物，有时盗食农作物玉米、小麦、白薯和花生等。有冬眠习性。立春前后发情，怀孕期3个月左右，于4—5月产仔，每胎2~4仔。獾油治烫伤，对痔和胃溃疡有一定疗效。针毛可制毛刷和笔。

狼獾

狼獾又名貂熊，是一种食肉动物，主要生活在北极边缘及亚北极地区的丛林之中，中国的东北有时也能看到它们的足迹。大概是因为它们既有狼一样的残忍，又有獾一样的体形，因此而得名。实际上，狼獾属于鼬鼠家族，而且是该家族中最大的动物，身长可达1米，重达25千克，以棕色为主，远远望去，很像一头小小的棕熊。

狼獾是杂食性动物，从浆果、鸟蛋到小鸟、旅鼠它都不放过，但它最喜欢的食物是驯鹿，特别是在冬天，当驯鹿群从北极草原回到边缘丛林的时候，它们就会大开杀戒，跟在猎物后面穷追不舍。由于它的腿短，脚大，所以在厚厚的积雪上奔跑起来比腿长而蹄小的驯鹿容易得多。根据观测计算，它们踩在雪上的压强只有驯鹿的1/10，所以得心应手，很容易捕到猎物。一旦捕到驯鹿，便会很快将它肢解，一部分当场吃掉，其余则分几个地方埋藏起来，以备在漫长的冬季找不到食物时再扒出来享用。有时当寻找食物特别困难时，它们也会饥不择食，靠狗熊或狼群的剩汤残羹甚至腐尸充饥。

狼 獾

脾气暴躁的狼獾私有观念非常强烈。狼獾从它们的尾部的香腺中发泌出类似麝香的液体，以此来标明自己的领地。在自己的家园里，狼獾会赶走自己的同类，而且对于不属于同类的动物，更是毫不客气，不管入侵者个头多大，它们都不放在眼里。狼獾还经常把它们气味熏人的分泌物蹭在食物上，以证明它们对食物的所有权，其他动物闻到这种气味便不再去碰那些食物了。为了保护自己的食物，狼獾会不惜一切残忍手段同任何不速之客，甚至与人和熊作殊死的搏斗。

袋獾

袋獾曾广泛分布于澳大利亚，现仅见于塔斯马尼亚省。毛色深褐或灰色，喉部及臀部具有白色块斑，吻为浅粉色。体形与鼬科动物相近。腹部生有育儿袋。出没于灌木与高草生境中，昼伏夜出。行走时总在不停地嗅地面，似乎在寻找食物。食性以肉食为主，吃昆虫、蛇和鼠类等，偶尔也吃些植物。是单配制的动物。每年 3 月份开始繁殖。妊娠 31 天后，可产下 2 ~ 4 个重 0.18 ~ 0.29 千克的幼仔。幼仔在育儿袋中生活 3 个月后才放开吸吮的乳头；105 天后离开育儿袋，但整个哺乳期达 8 个月。母兽 2 岁性成熟。动物园饲养的个体，寿命为 8 年零 2 个月。

袋獾常以路边、旷野里的动物尸体为食。它们胃口好得很，从不挑肥拣瘦，有什么就吃什么。贪吃，袋獾可以在 30 分钟之内吃下差不多相当于自己体重 40% 的食物，从不放过任何一个美餐的机会。它们也常常在农田附近游荡，因为那里常会发现腐肉。一般情况下，袋獾有机会就吃，从不满足。袋獾手指柔软、有韧性，可以做出一些令人目瞪口呆的高难度动作。嘴巴更有令人难以置信的威力，张开之后可以形成 180° 的角！袋獾少言寡语，羞涩怕人。它们一般等到夜里大家都睡了才外出觅食，而且都是独来独往。袋獾安分守己，不愿招惹是非，会尽量避免与其他动物发生冲突。它们以腐肉为食，偶尔也会大吼一声，去攻击年幼或受伤的动物，尝尝鲜味。

蜜獾

蜜獾是鼬科蜜獾属下唯一一种动物，也被称为"世界上最无所畏惧的动物"。分布范围很广，在非洲、西亚及南亚、阿拉伯直到欧洲。蜜獾浅居在各种类型地带，包括雨林、开阔的草原和水边，一般在黄昏和夜晚活动，常单独或成对出来，白天在蜜獾地洞中休息。体形与鼬科动物相近。腹部生有育儿袋。蜜獾手指柔软、有韧性，可以做出一些令人目瞪口呆的高难度动作。

蜜獾是杂食性动物，各种食物都吃，包括小哺乳动物、鸟、爬虫、蚂蚁、腐肉、野果、浆果、坚果等。

不过它最喜欢吃的是蜂蜜。它与黑喉响蜜鴷结成了十分有趣的"伙伴"关系。响蜜鴷一见到蜜獾就会不停地鸣叫以吸引蜜獾的注意力，蜜獾循着响蜜鴷的叫声跟着它走，同时也发出一系列的回应声。蜜獾用其强壮有力的爪

子扒开蜂窝吃蜜，而响蜜䴕也可分享一餐佳肴，因为响蜜䴕自己是破不开蜂窝的。

最让人不可思议的是，一只大蜜獾可以在半小时内吞下一条2米长的大蟒蛇，即使是有毒的南非眼镜蛇和蝰蛇，蜜獾也能不费太大力气就得手。蜜獾似乎对最毒的毒蛇都有很强的抵抗力，就算毒蛇能咬到蜜獾也没什么用，它仍然会被蜜獾吃掉。直到现在，科学家还没有破解蜜獾不怕毒蛇的秘密。

总之，獾是一种皮、毛、肉、药兼具的珍贵野生经济动物。皮是经济价值较高的皮毛，其皮革制品美丽大方，色彩艳丽，是制作高级裘皮服装的原料。为三色毛，两端白色中间黑棕，毛杆粗细适中，弹性好，耐磨，制成女大衣漂亮美观，是皮革抢手货。獾毛还可制作高级胡刷和油画笔。獾肉可食，味道鲜美，营养丰富，是席上的佳肴。獾油是由獾的脂肪提取的油脂，是治疗烫伤、烧伤的有效药物。

知识点

甲　虫

　　甲虫是鞘翅目昆虫的统称，身体外部有硬壳，前翅是角质，厚而硬，后翅是膜质，如金龟子、天牛、象鼻虫等。这是在恐龙时代之前就有的一种昆虫。那时的甲虫一个体长约3～4米，至于甲虫这种生物诞生了多少年和它们为什么变小至今也只是一个谜。

　　鞘翅目昆虫，有36万种以上，使其成为动物界中最大的目。除了海洋以外，世界各地无论是高山、平原、河川、沼泽、土壤里都有它们的踪迹。甲虫和其他的昆虫一样，身体分头、胸、腹3部分，有6只脚。它们最大的特征是前翅变成坚硬的翅鞘，已经没有飞行的功能，只是保护后翅和身体。飞行时，先举起翅鞘，然后张开薄薄的后翅，飞到空中。翅鞘的颜色花样多变化，有发金光的，有带条子像虎纹的，有带斑点像豹皮的，也有的是杂色图案。有些甲虫的翅鞘连在一起，后翅退化，不能飞了，如步行虫。

延伸阅读

撕咬力量最大的哺乳动物

世界上哺乳动物中最凶猛的咬人动物是什么？答案不是老虎、狮子，而是看似温顺、可爱的肉食有袋类动物袋獾。这是科学家首次估计肉食哺乳动物的咬人的力量。澳大利亚科学家分析了 39 类灭绝和幸存肉食哺乳动物的犬齿，且考虑到动物撕咬量和其身体大小的相对关系，结果发现，常常被人们所低估的袋獾，是现在活着的撕咬力量最大的哺乳动物。

事实上，一只 6 千克重的袋獾能够杀死 30 千克重的袋熊。通过对化石的研究，科学家们还得出一个相似的结论，3 万年前生活在澳大利亚的袋狮是已经灭绝的肉食动物中撕咬力量最大的，高达 100 千克。袋狮的撕咬能力是现在活着、身体大小一样的狮子的 3 倍。另外，胎生哺乳动物，如非洲鬣狗、美洲虎和云豹的撕咬能力也非同寻常。之前有研究称，肉食哺乳动物的脑量越小就留给咀嚼肌更多空间，令其撕咬力量更大。而袋獾在这方面具有显著优势。

鬣 狗

鬣狗是体型中等、生活在非洲、阿拉伯半岛、亚洲和南亚次大陆的陆生肉食性动物。它们同属于鬣狗科。外形略像狗，头比狗的头短而圆，毛棕黄色或棕褐色，有许多不规则的黑褐色斑点，食用兽类尸体腐烂的肉维生。鬣狗虽外形像狗，其实更接近猫科动物，其超强的咬力甚至能咬碎骨头吸取骨髓，是非洲大草原上最凶悍的清道夫。

鬣狗过着母系社会体系的群居群猎生活，雌性体重比雄性重12%，是两性中强壮、具支配权地位的一方，整群母鬣狗中只有一只母首领才可以生育下一代，其他母狗必须负责帮忙照料仔犬。每次狩猎距离最远达 100 千米远，狩猎中难免有犬只受伤，受伤者会留在洞穴守护地盘及照料仔犬，狩猎群回洞穴后，会吐出食物喂养其他犬只。入夜后草原深处会传来嚎叫声和令人毛骨悚然的哈哈大笑声，那是鬣狗在围捕猎物或互相打斗。

鬣狗最著名的特征就是它们的狞笑。鬣狗喜欢在夜间捕食，鬣狗能以每小时65千米的速度追逐奔跑速度达每小时40千米的斑马或角马群。斑鬣可以单独地、成对地或三只一起猎食，也能整群地进行围猎。单个行猎往往收获不大，5次中有1次成功就算不错了；然而成群猎食，11次中就可能有8次会有收获。有纪录片显示，鬣狗在单独猎食时，如发现食物，甚至会以嚎叫召唤群体前来，甚至能驱走体型、气力更大的狮群。由于其后躯低于前躯，所以它走路和奔跑的姿势不甚优雅，可是跑起来却是相当迅速而且有耐力。它们的奔跑速度可达每小时50~60千米，而且能够跑很长的距离却没有倦意。

鬣狗科共4种：斑鬣狗、棕鬣狗、缟鬣狗、土狼。

斑鬣狗身长95~160厘米，重40~86千克，雌性个体明显大于雄性。毛色土黄或棕黄色，带有褐色斑块，短、无鬃毛；心脏巨大且耐力超群；上颌犬齿不发达，但下颌强大，一只成年雄性斑鬣狗的咬力达1 300磅，能将90千克重的猎物拖走100米。斑鬣狗是目前数量最多的捕食动物，在维持被捕食动物种群数量方面具有作用。分布于非洲撒哈拉沙漠以南的较开阔地区，南至南非联邦、除热带雨林地区，是鬣狗科中体型最大的一种，也是最著名和捕食性最强的一种，可以成群捕食较大的猎物，是非洲除了狮子以外最强大的肉食性动物，也是非洲唯一能对抗狮群的群体。

棕鬣狗身长110~135厘米，肩高64~88厘米，体重37~47.5千克，雄性体型较雌性略大。有一对尖耳朵，毛长，呈深棕色，头部为灰色，颈部及肩部为黄褐色，四肢的下方为灰色，有深棕色的环纹，背上的鬃毛明显。棕鬣狗比斑鬣狗体型小，却给人一种更强有力的感觉。它的毛呈暗褐色，背和两肋有长长的鬣毛，脑后有一圈浅浅的鬣毛。它们是卓越的幸存者。它的个头比斑鬣狗小得多，站立身高与德国牧羊犬差不多。它是世界上4种鬣狗中最珍贵的一种，由于对南非干旱、半干旱地区的适应能力极强，所以在卡拉哈里沙漠中一直保持着可观的数量。

缟鬣狗又名条纹鬣狗，体长约90~120厘米，不包括30厘米长的尾巴。体重25~55千克。脚上只有4个趾，前肢比较长，脚爪不能握紧。颚和牙齿特别强健，可以咬碎大骨头。有时群居，有时独居，白天和黑夜都可以活动。缟鬣狗产于亚洲西南部和非洲东北部，皮毛呈浅灰色或淡黄，上有垂直的褐色或黑色条纹。缟鬣狗是鬣狗科中唯一可见于非洲以外的成员，分布于非洲北部和东北部、南亚和中近东一带，是著名的食腐动物。

土狼又名冠鬣狗，体长55~80厘米，较为温和，最喜捕食白蚁，是鬣狗科中的弱者。土狼居住于荒地及草原。由于只在夜间活动，所以极难见其踪影。土狼独居生活，怀孕期 90～100 天，一胎产 2～4 仔。天敌是锦蛇和豹。土狼在用餐后有一个非常良好的习惯，就是将长舌头拼命缩进伸出或卷曲，以清洁牙齿。许多食肉动物在威胁敌人时都要张开血口展示牙齿，但土狼却闭口不露牙齿，而是将毛竖起，以增大身体。遭敌害袭击时，由肛门放出臭液。

知识点

南亚次大陆

南亚次大陆，又称印度次大陆，是喜马拉雅山脉以南的一大片半岛形的陆地，亚洲大陆的南延部分。由于受喜马拉雅山阻隔，形成一个相对独立的地理单元，但面积又小于通常意义上的大陆，所以称为次大陆。总面积约为 430 万平方千米，人口约为 13 亿。南亚次大陆的国家大体位于印度板块，也有一些位于南亚。其中，印度、印度河以东的巴基斯坦、孟加拉、尼泊尔和不丹位处大陆地壳上；岛国斯里兰卡位处大陆架；岛国马尔代夫位处海洋地壳。

印度是南亚次大陆举足轻重的政治力量，这与其国土面积不无关系。它是该地区的最大国，约占 3/4 的土地。印度拥有该地区最庞大的人口，大约是其余六国人口总和的 3 倍。巴基斯坦是南亚次大陆的第二大国，人口仅次于印度。印、巴两国同样是拥有核武器的国家。

延伸阅读

人类对鬣狗的传统认识

在基督教时代至中世纪时，对鬣狗有两个指控：一是它们可以改变性别，二是它们会挖掘坟墓吃人类尸体。前者是象征性地与犹太人有关，并在反犹太主义中反映出来，后者则是威胁到人类的传统。

1656 年，南非实施了首度猎杀掠食动物的法例。鬣狗被分类为狼的一类，若杀死一只可以获得 4 个银币的奖赏。猎杀掠食动物是早期非洲的普遍活动，直至 20 世纪才结束。1903 年至 1927 年，在克鲁格国家公园就共有 18 428 只掠食动物被猎杀，估计当中有 521 只斑鬣狗。

非洲对斑鬣狗的态度与西方世界的差不多。坦桑尼亚的卡古鲁人及塞内加尔南部的部落认为斑鬣狗是不适合食用的及贪婪的雌雄同体。一个古老的非洲部落就被传有变为鬣狗的能力。在尼日利亚东北部的一个部族就有"鬣狗人"的古老传说，而他们的语言中就有一个单字意思是"我变身为鬣狗"。

灵长目动物

灵长目动物，包括我们人类在内，共有 200 余种，我国野生猿猴有 18 种，约占这一类动物的 9%，其中有我国特产动物金丝猴、台湾猴、白头叶猴。灵长目动物主要分布在亚洲、非洲和美洲的热带地区。

灵长目动物的体型中等，大脑高度发达，具有较大的球状颅腔；手和脚趾能分开，拇指通常能对握，使手和脚成为有力的抓握器官。

这类动物一般生活在热带、亚热带和温带山林里，栖息的海拔高度随种类、季节不同而有所差别。它们通常过着树栖、半树栖的群居性生活，白天活动，仅有少数种类，如蜂猴、夜猴、指猴等为夜间活动。活动时以家族式群体在一起，有时也结成大群，每群数量不等。

灵长目动物不仅是观赏动物，更重要的是医学、航天事业的实验动物，在科研上也有极大的研究价值，应予保护。

猿

猿是 13 种大型高智能灵长目哺乳动物的总称。猿外形与猴相似，但有较大区别。猿生活在亚洲和非洲的热带森林中。大约 3000 万年前，猿类开始出现。现代猿类有 4 种：长臂猿、褐猿、黑猿和大猿。第一种为小型猿，后 3 种为大型猿。大型猿由于似人又被称为"类人猿"。它们与人类最接近，被称为是人类的"表兄弟"。

长臂猿

国家一级保护动物，是猿类中最细小的一种，也是行动最快捷灵活的一种，世界上目前共有 7 种，国内有 4 种，分别是白掌长臂猿、白眉长臂猿、黑长臂猿和白颊长臂猿。长臂猿身高 1 米左右，体重约 10 千克，毛色驳杂，脑量不超过 100～120 毫升，纯树栖生活。

长臂猿，顾名思义，它们的前肢很长，可接近身长的 2 倍，站立起来，两手下垂几乎可以触到地面。长臂猿是臂行的能手，在树枝间摆荡跃进的速度之快，可以攫捕飞鸟；偶尔下地活动时，能直立起来，此时双膝弯屈，用前肢张开或高举在头顶上来维持平衡。它发出的声音犹如歌声，委婉动听。

长臂猿广泛分布于印度支那和马来西亚地区。在我的西双版纳和海南岛热带雨林中也有分布，但数量极其有限。随着近代人类经济活动领域的扩大，原始森林不断被开发，加上无端的乱捕滥杀，使长臂猿的分布范围越来越小，数量显著下降，白颊长臂猿的分布仅限于云南南部的几个县境内，仅剩 70 只左右。

褐猿

褐猿的脑量为 300～500 毫升。身上多毛且密，毛色呈微红褐色（因此也被称为"红猩猩"）。前臂较长，可触及到脚踝处。褐猿体型较大，雄性体高可达 1.4 米，体重为 100～120 千克，雌性明显小得多，还不及雄性的一半大。雄性与雌性的区别还表现在：雄性两颊有大肉疣，呈内凹的隆凸状；雄性的头骨上还有发达的矢状骨脊；成年雄性的喉囊特别大，一直延伸到胸部，可用它来支持沉重的头部。

褐猿主要在树上活动，手脚兼用，攀缘于树丛中。下到地面时，手指攥成拳头，以指背着地支撑着身体，半直立姿态行走，脚掌以外侧部着地呈"反踵状"，行动缓慢，很少直立。褐猿主要以果实、嫩叶为食，常用强大的口齿来咬破坚果外壳。

褐猿现在只有一种，分布在东南亚的加里曼丹和苏门答腊地区。目前褐猿在我国已无踪影，但在地史上的更新世时期，它们曾广泛分布于我国的华南地区。

黑猿

黑猿数量最多，共有 3 个种。最著名的为普通黑猿，它最早为人们所知。黑猿的平均体重为 50 千克，身高达 1.5 米，雌雄两性的差异要比大猿和褐猿小得多。毛色一般呈黑色，喜欢在树上活动，能在树上构筑临时用的巢，以供晚上睡觉用。善于臂行，有时下地活动可以勉强地直立行走，但快跑时需用前肢撑地。喜群居，每群可达 10 只以上，最多时可达 30~40 只。杂食性，除素食外，常捕捉小鸟兽吃。主要分布在非洲的刚果河和尼日尔河流域热带森林中。

还有一种栖息在刚果河中游东面（扎伊尔）大约 2 000 平方千米范围内的矮种黑猿，它被称为"卑格米黑猿"。但根据近年来的研究表明，这种称号是错误的。因为实际上它们的个子并不矮，体重为 25~48 千克，普通黑猿为 40~50 千克。它们的平均身高为 1.16 米，平均脑量为 350 毫升，普通黑猿为 400 毫升。它们的头小，面黑色，唇呈粉红色，眼眶狭，面部突出。脚的第二、三趾间有蹼。一般也称它们为波诺波黑猿，这个名字是来自一个小镇的名称"Bolobo"，因最初就是从这个小镇上获得其标本的。由于它们在 1933 年才被定名，故又被称为"最新的猿"。它们大部分时间在树上取食，有时到地面上用四足行走，50% 的时间用双足行走，此时是为了携带食物和其他物品。近年来它们被科学界所看重，认为它们的许多习性可能与人类的远祖相近。

另外，还有一种秃头黑猿，它的头上几乎没有头发。

大猿

身体最大的一种猿。雄性的身高达 1.8 米以上，最高的可达 2 米，肩宽 1 米，体重在 200 千克左右，雌性相对小些。大猿的脑量为 400~600 毫升。由于身体过于庞大，已不适应树上生活，故多数时间在地面上活动。

大猿以半直立姿势行走，并以前肢作为支撑，以指节背面着地，像撑着拐杖似的。大猿可直立起来，此时整个脚掌着地，脚趾不弯曲。有时大猿会直立起来拍打胸部。

大猿外表显得凶猛，实际上性情是较为温和的，基本属素食性。大猿通常结成不大的群体，群体内包含着若干个家庭小群体，后者常由一只雄性带领数只雌性生活，但这种群体是临时性的。

大猿主要分布在非洲赤道地区的热带森林中，只有一个种，这个种可分为两个亚种，一个为沿海大猿或叫低地大猿，主要栖息在西非的喀麦隆和加蓬地区；另一个为高山大猿，栖息在非洲的刚果和乌干达交界处 3 000 米以上的山地里。

赤　道

  赤道是地球表面的点随地球自转产生的轨迹中周长最长的圆周线，赤道半径 6 378.14 千米；赤道周长 40 075.7 千米。如果把地球看做一个绝对的球体的话，赤道距离南北两极相等，是一个最大的大圆。它把地球分为南北两半球，其以北是北半球，以南是南半球，是划分纬度的基线，赤道的纬度为 0°。赤道是地球上重力最小的地方。

  赤道是物种的制造厂。与其他未能这么幸运地享受到这一地理位置优势的物种相比，赤道动物简直是生活在一个近乎完美的环境中，无论从温度、湿度还是从可获取的食物来看，都是如此。在赤道，动植物比其他地方的长得更快、更大，而且外形更怪异。赤道地区的阳光是地球上最强劲的能量。由于这里的阳光使海洋大量蒸发，这种冲击会在这样一个大范围中形成湿度柱，进而形成风和潜流，而风和潜流随后会最终给位于异常遥远的地方的生命提供能量。

延伸阅读

动画片《人猿泰山》

  《人猿泰山》是迪士尼第 37 部经典作品，影片用动画的夸张技术手法，生动地描绘泰山在藤蔓间如同飞翔般的动作，以及表现他与动物伙伴间特殊的沟通方式。在泰山的形象塑造上，除了乱中有序的头发外，泰山那张充满善良、刚毅而又略带野性的脸孔，更给观众留下了深刻的印象。

  该片讲的是一对带着幼子的夫妇遭遇海难，他们奋力划着救生艇来到非洲原始森林，不幸惨遭花豹突袭，双双丧生。与此同时，母猩猩卡娜正为失去了小猩猩而悲啼，听到婴孩哭声，它循声找去发现一个人类宝宝。卡娜收养了这个后来被称作"泰山"的婴孩。从小泰山就一直被家庭中的猩猩伙伴们嘲笑为丑八怪，为了取得大家的认同，他内心里一直以做一个杰出的猩猩为目标。为了打破同伴对他的偏见和歧视，他勇敢地去做大家不敢做的事情。长大后的泰山是森林游侠，爬树身手矫健，攀着树藤可以来去自如。这种无忧无虑、平静宁和的生活终于随着一支人类探险队的闯入而被打破，泰山发现自己的样子和外来者竟是那样相像，他开始疑惑这到底是怎么一回事。不久，他爱上探险队中博士的女儿珍妮。在猩猩妈妈卡娜将他的身世和盘道出后，泰山终于明白他也是人类的一员，可森林是他的家，他应该留在森林中还是回到人类社会？随着对珍妮的爱与日俱增和人类即将对猩猩家庭进行侵害，泰山陷入进退两难境地……

猴

　　猴是一个俗称。灵长目中很多动物我们都称之为猴。灵长目是哺乳纲的1个目，动物界最高等的类群，大脑发达。包括原猴亚目和猿猴亚目。原猴亚目颜面似狐；无颊囊和臀胼胝；前肢短于后肢，拇指与大趾发达，能与其他指（趾）相对；尾巴能卷曲或缺如。猿猴亚目颜面似人；大都具颊囊和臀胼胝；前肢大都长于后肢，大趾有的退化；尾长、有的能卷曲，有的无尾。按区域分布或鼻孔构造，猿猴亚目又分为阔鼻猴组，又称新大陆猴类；狭鼻猴组，又称旧大陆猴类。猴科动物主要分布于亚洲、非洲和美洲温暖地带，大多栖息林区。

猕猴

　　猴的种类很多，但人们一提起猴子，首先想到的形象却是猕猴。猕猴是与我们人类生活关系最为密切的一种猴，在我国几千年的文明史上，不论文学、艺术、戏剧、美术、故事、传说，其中如果涉及猴子，大多数都是以猕猴的形象出现的。特别是在猴年的年画中所表现的那张猕猴的"标准形象"："孤拐面"，凹脸尖嘴，鼻子不大不小，体形、尾长中等，身体不肥不瘦。其他如书中插图、连环画、舞台脸谱等也莫不如此，其中最著名的一个例子当属古典文学名著《西游记》中孙悟空的原型。

　　猕猴是一种半树栖的猴类，多在悬崖峭壁等陡峻处活动，猕猴栖息于热带、亚热带及暖温带的阔叶林和针叶阔叶混交林中，是猴类中分布最为广泛的一种。在国外，猕猴还分布于阿富汗东部、巴基斯坦、克什米尔、尼泊尔、印度、孟加拉国、泰国、缅甸、老挝、柬埔寨、越南等国家和地区。

　　猕猴在垂直分布上的范围也很大，分布海拔最低的地方是在广东珠江口外的一些小岛上，最高则在西藏芒康县公主卡海拔 4 300 米左右的针叶林上缘。它是一种半树栖的猴类，多在悬崖峭壁等陡峻处活动，过着家族式的群居生活，每群 10~60 只不等，甚至有 100~200 只的大群。群体中通常以繁殖期的成体占优势，一般占整个群体的 60%~70%；繁殖前期的亚成体和幼仔次之，约占 30%；繁殖后期的老年个体在群体中只占 10% 左右。群体的住处不太固定，每群均由身体健壮而高大的雄兽担任"猴王"。互相理毛、捉虱子是群体成员友好相处的表现之一，它们用一只手理着毛，另一只手去捉，动作十分熟练、自然，嘴里不断地"哼哼"着，有的捉到虱子后还会放进嘴里去咬，与此同时也吃到了出汗后凝结在皮肤和毛根上的含盐量达 0.9% 的盐粒，使身体中的盐分得以补充。群体社会中的等级次序划分得非常严格，较强的雄兽经常骑在较弱的雄兽的背上，以显示自己的地位，叫做"骑威"，较弱的雄兽则常将自己的臀部给较强的雄兽看，以示顺服。但雌兽和当年出生的幼仔在行动或取食时也能受到优待和保护，虽然有的幼仔也常被成年或亚成年的个体争夺取闹，吓得不时发出惊恐的"吱吱"声，不过大多时候是有惊无险。

　　猕猴在生活中也常常有愤怒或者悲伤的时候，发怒时的表情为眉头紧锁，两耳向后扇动，向对手龇牙怒目，发出一阵"吱，吱"的怪叫；悲伤时则一副无精打采的样子，躲在角落里，把身体紧紧地缩成一团。有人说猕猴是因为特别喜欢吃猕猴桃而得名，其实它以很多植物的嫩叶、花、果实和种子等为食，在野外食用的野生植物达 100 多种，有时也到农田里吃谷子、番薯、花生等农作物。在林下活动时，也常翻动枯枝落叶，觅食昆虫及其幼虫，有时还成群地在悬崖峭壁下取食一些灰色粉状的岩石风化物，可能是其中含有盐分的缘故吧。在它的食谱中，一般果实和种子类占食物总量的 72% 左右，树叶类占 20%，花朵占 4%，昆虫类占 2%。

　　猕猴一年四季均可繁殖，雌兽的性周期为发情和 28 天左右的月经周期，因为除了灵长目动物以外的哺乳动物只有发情表现，而人和高等灵长目动物不表现发情，只有月经周期，所以猕猴的性周期也恰好介于高等灵长目动物和其他哺乳动物之间。猕猴通常为每年生 1 胎，或 3 年生 2 胎，每胎仅产 1 仔，怀孕期为 6～7 个月。幼仔长到 4～6 岁时达到性成熟，寿命为 25～30 年，雄兽的生育年限约为 20 年，雌兽的生育年限约为 18 年。

金丝猴

金丝猴也叫金线猴，顾名思义，一定是一种身披着金丝线一样美丽长毛的猴类。其实它不仅毛色艳丽，而且形态独特、动作优雅、性情温和，所以深受人们的喜爱。金丝猴也是我国的特产种类，它与大熊猫齐名，同属"国宝"级动物，不仅具有重大的经济价值和观赏价值，还有很高的学术研究价值。目前，除我国外，这一稀世珍宝在世界上仅有法国、英国等极少数国家的博物馆中收藏有若干标本。

比起其他猴类来，金丝猴的确是非常漂亮，它头顶的正中有一片向后越来越长的黑褐色毛冠，两耳长在乳黄色的毛丛里，一圈橘黄色的针毛衬托着棕红色的面颊，胸腹部为淡黄色或白色，臀部的胼胝为灰蓝色，雄兽的阴囊为鲜艳的蓝色，从颈部开始，整个后背和前肢上部都披着金黄色的长毛，细亮如丝，色泽向体背逐渐变深，最长的达 50 多厘米，在阳光的照耀下金光闪闪，好似一件风雅华贵的金色斗篷。

金丝猴的体型较大，体长 48～64 厘米，体重 7～16 千克，四肢粗壮，后肢略长于前肢，尾巴也较长，其长度与体长相差无几。它的头圆，耳短，眼睛为深褐色，嘴唇厚，吻部肥大，嘴角处有瘤状的突起，并且随着年龄的增长而变大和变硬。两颊和额的正中的毛都向脸的中央伸展，露出两个凹陷的天蓝色眼圈和一个突出的天蓝色吻圈，再加上鼻骨退化，没有鼻梁，形成了一个鼻孔上翘的朝天的鼻子，更显得格外有趣。所以，在金丝猴的产地，它还有"蓝面猴"、"仰鼻猴"、"小鼻天狗猴"等俗称。

金丝猴

金丝猴主要栖息在海拔2 000～3 000米的高山针叶阔叶混交林中，长年生活在树上，很少下地活动。它喜欢群居，少则十几只，多达数百只一群。每群都由老年、中年、青年和幼仔组成家族社会，很少见到单独行动的。每个群体中，都有一只经过搏斗产生的体格魁梧、毛色不凡的"美猴王"来指挥猴群的一切行动。群体中的其他成员对"美猴王"都非常敬畏，常常敬献食物给它，以及为它搔痒、梳毛、捉虱子等等，来讨它的欢心。"美猴王"也非常勇敢，遇有敌情时，总是奋不顾身，冲在前面。

　　金丝猴性情机警、多疑，每到一处时，总要派出几只雄猴攀上树顶进行警戒，群体中的其他成员就可以放心地觅食或追逐嬉戏。当发现有危险时，警戒的雄猴会立刻发出"呼哈——呼哈"的报警声，群体成员立即大声呼应，然后迅速逃离。在行动时，群体成员也组织得非常严密，携带幼仔的雌猴位于群体的中间，前后都有健壮的雄猴保护，动作非常敏捷，往往先摇一摇树枝，然后借助树枝的反弹力量进行树枝间的荡越，就像一阵狂风骤起，在"美猴王"的率领下，扶老携幼，大声呼啸着，在茂密的丛林中攀缘飞奔，瞬间便杳无踪迹，人们往往是只闻其声，难见其影。

　　金丝猴取食的植物很多，春夏季节主要吃杨树、五角枫、叶上花、红桦等树木的嫩枝、嫩芽、树叶、根和花蕾等；到了金秋时节，则大量采摘野杏、李、樱桃等阔叶树木的果实、种子，以及橡子、松子等；当严冬积雪覆盖时，就只能啃食树皮、藤皮，或者采掘苔藓来度日了。

　　每年的9—11月份是金丝猴的交配季节，雌猴的脸上有明显的求偶表情，常常主动接近雄猴，并且将臀部转向雄猴，匍匐于地面上，等待雄猴交配。在这段期间，雄猴和雌猴还经常互相拥抱，不时地为对方仔细理毛。雌猴的怀孕期为6～8个月，每胎一般只产1仔。雌猴对幼仔关怀备至，总是把它紧紧抱在怀里，行走时也让它抓住自己的腋下或腹部。如果雌猴不幸死亡，其他雌猴就会主动担当哺育幼仔的义务。幼仔长到1岁多时开始断奶，4～5岁时便能独立生活了。

藏酋猴

　　藏酋猴是一种在我国分布较广、数量较多的猴类，体形较为粗大，雄猴的体长为58～71厘米，体重10～20千克；雌猴的体长为51～65厘米，体重6～12千克。它们都有一对大的犬齿。雄猴的脸部为肉色，眼围为白色；雌猴的脸部带有红色，眼围为粉红色。全身披着疏而长的毛发，背部色泽较深，腹部颜色较浅，头顶常有旋状项毛。

"藏酋猴"这一中文名字最早出现于1922年出版的《动物学大辞典》，是因为它的拉丁学名中用了一个"西藏"的地名。事实上，藏酋猴并不产于西藏，所以有的学者根据它的两个主要特点，认为应该叫做"毛面短尾猴"，因为它头顶上的长毛从中央向两侧披散开，而且在面颊上和下巴上都生有浓密的须毛，就像络腮胡须一般，是其独有的特征；另外它的尾巴比猕猴的要短得多，呈残结状，但覆毛良好，上侧的毛色比下侧色深，长度仅为体长的1/10。

由于藏酋猴的分布区较大，所以各地的俗称也有很多，例如有的地方叫它"毛面猕猴"；也有的根据其体色主要为灰褐色，颜面以肉色或青白色为主，而叫它"大青猴"或者"青皮猴"；还因为它经常在黄山、峨眉山等著名风景区出没，又被叫做"黄山猴"、"四川猴"等等。

藏酋猴栖息于崖岩较多的稀树山坡地带，常在崖壁石缝或岩洞中过夜，最高垂直分布可以达到海拔3 000多米。它们是昼行性、半地栖的动物，喜欢结成群体，多在地面活动，也善于攀缘岩壁。它们的食性很杂，主要吃各种果实、花朵、树芽、树叶、根茎等。它俩不惧风寒，在深冬的冰雪气候中仍能正常生活。婚配为一雄多

藏酋猴

雌制，群体成员之间等级地位鲜明，"猴王"多通过争斗厮打取得群体的统治地位；交配季节多在秋天，雌猴的怀孕期为6～7个月，每胎产1仔，由雌猴负责养育幼仔。

峨眉山以巍峨奇秀著称，这里栖息着数不清的珍禽异兽，尤其是在当地被称作"峨眉猴"的藏酋猴，不仅灵性超凡，而且不招而至。它们出没于山间道旁，与人嬉戏，成群结队地拦路"化缘"，登山的游人们也都高兴地把食物施舍给它们，以此当做一件乐事。峨眉山是我国旅游名山中唯一能够见到野生猴类的地方，因此它又以"猴山"蜚声国内外，很多游客都带着"君到峨眉游，比观峨眉猴"的想法，将观赏藏酋猴作为旅游的主要项目之一。在这里，

有人还幽默地依据这些藏酋猴的"文明程度"，将其划分为3种，第一种为"文明猴"，第二种称为"强盗猴"，第三种称为"流氓猴"。

眼镜猴

眼镜猴分布于苏门答腊南部和菲律宾的一些岛上，它的体长和家鼠差不多，只有成人的手掌那么大，体重100～150克。眼镜猴最奇特之处在于眼睛。在小小的脸庞上，长着两只圆溜溜的特别大的眼睛，眼珠的直径可以超过1厘米，和它的小身体很不相称，好像戴着一副特大的旧式老花眼镜。所以，人们给它起了一个十分形象的名字：眼镜猴。

眼镜猴

眼镜猴的性情温顺，头大而圆，眼睛特别大，适于夜视。眼镜猴有着长长的手指和脚趾。每只手指和脚趾的前端都有吸管状的圆形衬垫，这有助于它们抓紧树干和树枝。眼镜猴在树枝上移动时很笨拙，通常它们是通过跳跃来移动的。跳跃时，它们伸直自己长长的后腿跳向空中，再落在距离自己2米远的另一棵树上。如果有必要，它还能中途拐弯。在身体不动的情况下，眼镜猴的头几乎能转动整整一圈，这有助于它发现猎物和敌人。

眼镜猴妈妈特别会照顾孩子。小眼镜猴常常躺在妈妈的肚皮上，用爪子抓着妈妈的皮毛，尾巴绕过妈妈的后背。妈妈的尾巴则穿过后肢托着小宝宝的身体，让小宝宝感到安全又踏实。眼镜猴妈妈还时常低下头朝宝宝发出温柔的哼哼声，像唱催眠曲似的。

因为一些人相信眼镜猴的骨头可当做药来治病，所以，眼镜猴曾经遭到大量捕杀，现在数量很少，已经被列为国际保护动物。

豚尾猴

豚尾猴的尾巴也很短，约为体长的 3/10，尾巴上的毛也很稀疏，尾的基部较粗，尾梢较细，但末端有一簇长毛，在行动的时候常呈"S"形弯曲，状似扫帚或猪尾，所以得名，也叫猪尾猴。雄兽的体长为 50～77 厘米，体重为 6～15 千克，雌兽的体长为 40～57 厘米，体重 4～11 千克。它的额头较窄，吻部长而粗，略有些像狒狒。面部较长，呈肉色，具较长的黄褐色须毛，颊部的毛斜向后方生长，耳朵周围的毛向前生长，彼此相连，似一条围巾将耳朵遮盖住，眼睛具有明显的白色眼睑。冠毛短而黑，头顶上有放射状的毛旋。但前额却辐射排列为平顶的帽状，像是留着"板寸"发型，所以也被叫做平顶猴。

豚尾猴栖息于亚热带森林中，是一种昼行性、树栖、杂食的动物。喜欢群居，每群为 3～20 只不等。在野外的生活习性与猕猴相似，主要以热带果实和昆虫、小鸟和鸟卵等为食，在地面活动的时间较多，行走、奔跑时用四肢着地，趾行性，但在树上行走是跖行性。雄兽在发情期显得异常凶猛而强悍。雌兽的月经周期为 30～40 天，在发情时，臀部和尾巴根部的皮肤明显肿胀和发红。妊娠期为 170 天左右，每胎产 1 仔，哺乳期为 6～8 个月。3～5 岁时性成熟，寿命为 26 年。我国的豚尾猴数量不多，估计野外总数不足 1 000 只。

豚尾猴是一种非常聪明的动物，平时群体成员之间常用抬眉、眯眼、撅嘴等方式交流情感，也经常互相理毛，表示亲昵。

长鼻猴

长鼻猴主要产于婆罗洲岸边的红树林、沼泽及河畔的森林，为东南亚加里曼丹的特有动物。雄长鼻猴的体重可达 25 千克，雌的不足雄的一半。据说，长鼻猴是世界上体重最重的猴子。它们的鼻子大得出奇，其中雄性猴子随着年龄的增长鼻子越来越大，最后形成像茄子一样的红色大鼻子。可以发出独特的喇叭般的叫声。它们激动的时候，大鼻子就会向上挺立或上下摇晃，样子十分可笑。雌性的鼻子却比较正常。长鼻猴喜群居，常 10～30 只集为一群，活动范围不到 2 平方千米。善游泳，常在河中一边找东西吃，一边打闹着玩乐，但有时它们也能静下来一动不动地呆上好几个小时。

长鼻猴的腹部较大，其消化系统分为好几部分，有助于其消化树叶。它的食物除树叶外，也包括水果和种子。在猴类中，长鼻猴是对饮食非常讲究的一种，它们的胃口也很大。幼猴很调皮，常戏弄父母，一会儿拧它们的鼻子，一会儿摇它们的尾巴。它们被人类捉住往往过不了一周就会死去，目前已经濒临绝种。

长鼻猴

长鼻猴群体也有严格的社群制度，每个典型的社会群体由1只成年雄猴为首领，与1~8只成年雌猴以及它们的后代共同组成，一般为10~30只不等，每日在一起生活。不过，时常也可能有部分个体在其他群体附近活动，雌猴还可能为了避免近亲繁殖或者为了能够接近食物更多的地方，在两个社群中游动。在晚上，有时几个社群还会聚集在一起活动、休息或睡觉，这时常常发生相互吵闹，甚至斗殴的情况，十分热闹。当本社群的个体受到欺负时，成年雄猴常常用它的大鼻子向对方发出吼叫，这时鼻子中的气流会使下垂的鼻子鼓胀，并且高高挺起。长鼻猴的社会群体比其他大多数灵长类动物的群体变化的速度要快得多，每过一段时间，一个群体中的成员就将发生一些变化。

到了求偶的时候，雄猴也主要是依靠硕大的鼻子来讨雌猴的欢心。雌猴的怀孕期约为166天，每胎仅产1仔。幼仔的形态与成年个体大不相同，出生以后具有一张深蓝色的脸，上面有眼环和一个又小又扁的朝天鼻子，3个月后颜色转为灰色，9个月后又变为棕色。幼仔全身的被毛均为黑色，十分稀疏，半年以后则逐步为赭黄色的体毛所替代。

疣猴

疣猴身上的毛色多种多样，长得也十分滑稽可笑。它们的臀疣很小，尾巴很长，尾巴端部常有一撮毛，有的还成球状，颊囊也比一般猴子小，拇指已退化成一个小疣，故称疣猴。疣猴的胃很大且复杂，内分成数瓣，以适应从营养不丰富的树叶里吸取养分。

各种疣猴都生活在非洲。它们有的生活在茂密的丛林里，有的生活在接近草原的树林中，主要吃植物的嫩芽和叶，同时也吃野果和谷物。每群疣猴9~

13 只不等，由成年雄性率领，用洪亮的声音来保卫它们的领地。它们动作灵敏，能在树枝之间做长距离的跳跃。

黑白疣猴及埃塞俄比亚黑白疣猴的体长约 50 ～ 70 厘米，尾巴略长一些。它们居住在森林的上层和中层，很少到地面上来，猴群由 15 ～ 20 只疣猴组成，每群疣猴都占据一小片地方，按固定的路线从它们睡觉的地方到吃食的地方去。当别的疣猴侵入它们的地方时，双方就会面向对方，咂舌摇尾，但不动手打架。受到侵犯的疣猴则上下跳动，同时发出吼声，有时会连续地吼叫

黑白疣猴

达 20 分钟之久。它们的吼叫声很响亮，一般能传出 1.5 千米远。雄疣猴爬到树木的高处，然后往下跳，从一棵树的树枝跳到另一个树枝上去，以这种方式向对方示威和炫耀，最后终于有一群疣猴退走，由带头的雄疣猴断后。

绿疣猴分布于西非的科特迪瓦、加纳、几内亚、利比里亚、尼日利亚、塞拉利昂、多哥等国，栖息于亚热带和热带干燥森林和沼泽地区。目前受到栖息地减少的威胁。

由于疣猴毛皮漂亮，遭到人类贪婪而放肆的捕杀，目前非洲各国已把疣猴列为珍贵保护动物。

叶猴

叶猴起源于欧洲，它们的祖先从欧洲经非洲再到亚洲，首先进入东南亚地区，然后沿着河谷或低地进入我国华南和西南一带具有热带岩溶地貌的亚热带森林，即在目前的分布区生存繁衍，形成优势种群。这个过程发生在大约距今300 万年前的第四纪，恰好与我国南方热带岩溶在热带气候条件下开始发育、形成的时间相一致，并且得到了很好的适应和充分的发展，生存至今，是大自然所赋予的宝贵财富。

叶猴，为什么这样称呼呢？因为它的食物 80% ～ 90% 都是树叶，在它生活的环境里面，有各种各样树叶。它根据每个季节，采食喜欢吃的树叶，而且

采食量并不高。因为它的胃有一个能够分解纤维素的这么一个室，所以树叶吃下去很快就能够分解了。

我国有6种叶猴，即黑叶猴、白头叶猴、长尾叶猴、菲氏叶猴、戴帽叶猴和白臀叶猴。它们都是中国的一级保护动物。

黑叶猴又名乌猿，体形纤瘦，四肢细长。头小尾巴长，体长50～60厘米。头顶有黑色直立的毛冠；两颊至耳基部有白毛；成体全身乌黑色，体毛长而厚密，有光泽。生活于热带、亚热带丛林中，树栖，喜群居，每群有一首领带领猴群活动。黑叶猴跳跃能力很强，一次可越出10多米。很少下地喝水，多饮露水和叶子上的积水，以嫩叶芽、花、果为食。通常2—3月份交配，8—9月份产仔，每年产1胎，每胎1仔，偶见2仔。黑叶猴是珍贵稀有灵长类动物之一，仅产于广西、贵州，分布区域狭窄，数量很少。

外形酷似黑叶猴的白头叶猴是中国特有种。仅分布在广西的左江和明江之间的一个十分狭小的三角形地带内，面积不足200平方千米，属于国家一级保护动物。白头叶猴是一个非常珍贵的猴子，头是白的，肩也是白的，所以叫做白头叶猴，白头叶猴至今已有300多万年的生存历史，是全球25种最濒危的灵长类动物之一，被公认为世界最稀有的猴类。

白头叶猴

长尾叶猴体长约70厘米，体重约20千克，尾长超过体长，颊毛和眉毛发达。体毛灰黄褐色，脸黑色，额、颊、颏、喉为灰白色。栖息在海拔3 000米以下的热带雨林、亚热带常绿阔叶林或针阔叶混交林中。营树上生活，在地面上也能行走。出没于河谷两旁林间石崖上，常集群活动，一般数十只为一群，多晨昏觅食，以树叶和野果为食。长尾叶猴分布区域狭窄，数量稀少，在我国仅分布于西藏南部，目前，已在西藏建立了江村、樟木沟自然保护区。

菲氏叶猴，由于身体的毛色主要为灰褐色，或银灰色略带黄色，只有胸腹部为灰白色，因而还有"灰叶猴"之称。菲氏叶猴分布在缅甸、泰国、越南和我国云南等地，共分化为3个亚种，其中2个亚种在我国有分布，栖息于云南西北部的为滇缅亚种，栖息于其他地区的为印支亚种。菲氏叶猴的胆囊和肠道中生有结石，是因吞食的体毛与碳酸钙结合所形构成的，可以入药，药名也叫"猴枣"，可以治疗很多疾病，因此在市场的价格非常高。

戴帽叶猴，又名头巾叶猴。产于亚洲南部孟加拉、印度东北、缅甸北部及我国云南。栖息于热带、亚热带森林，在我国仅存500～600只，见于云南西北部贡山独龙江河谷地区。戴帽叶猴身毛银灰或黄色，背毛、四肢外侧及尾端色泽黑灰，披毛长而稀疏，顶毛蓬松，无旋毛，冠顶色深，如戴小帽，与浅色的络腮胡须成鲜明对比。脸面黑，眼、嘴四周的皮肤因缺少色素而形成眼圈和口环。手、足色黑。新生儿为乳白色，耳、脸、手、足均为粉红色。唾液腺分泌功能发达，胃为袋囊状，其消化系统适应了食叶性，因而不具有杂食猴类的颊囊。

白臀叶猴因其雄性臀部具有三角形白色臀斑而得名，是体色最绚丽多彩的灵长目动物之一。白臀叶猴为昼行性，完全树栖，主要在森林的上层活动，几乎从不下到地面上，善于跳跃，一跃可达6米多远，动作优雅。食物也是以各种鲜叶嫩芽为主，兼食各种野果，所不同的是很少吃昆虫等动物性食物，也很少到水边去喝水，这可能是它从树木的嫩叶和幼芽中已经能吸取所需水分的大部分，另外还能从清晨枝叶上的露珠得到一些水分。

 **知识点**

缅 甸

缅甸是位于东南亚的国家，面积676 581平方千米，人口5 700多万（2008年）。西南临安达曼海，西北与印度和孟加拉国为邻，东北靠中国，东南接泰国与老挝。2005年，缅甸政府将首都从境内最大城市仰光迁至新都内比都。

缅甸是一个以农业为主的国家，二战后至21世纪初，其经济发展几乎陷入停顿。该国从事农业的人口超过60%，农产品有稻米、小麦、甘蔗等等。

其国土的森林覆盖率达 50%。红宝石及翡翠之质量全球最高。古文化在宗教、文学和政治制度等方面，深受印度文化影响。

缅甸是著名的"佛教之国"，佛教传入缅甸已有 2 500 多年的历史。缅甸 80% 以上的人信奉佛教。缅甸的每一个男人在一定时期内都必须削发为僧，否则，就会受到社会的蔑视。佛教徒崇尚建造浮屠，建庙必建塔，缅甸全国到处佛塔林立。因此，缅甸又被誉为"佛塔之国"。千姿百态、金碧辉煌的佛塔使缅甸成为旅游胜地。

 延伸阅读

金丝猴的传说

我国傈僳族有一个关于祖先的神秘传说。很久很久以前，傈僳族的祖先在大山里自由自在地生活。他们夏天在树林中活动，采摘树上的嫩芽野果作为食物；冬天以岩洞作为房屋，在地上寻找植物根、茎、种子作为食物。他们的祖先非常诚实善良，与周围的民族友善相处，常常邀请他们来山里做客，用山鸡、竹笋等好吃的款待客人。

可是有一天，山外人请他们的祖先做客，却欺负傈僳族的祖先没见过铁器，让傈僳族的祖先坐在刚刚出炉的大砍刀上，结果，傈僳族的祖先裤子被烧烂，屁股被烙红。屁股露在外面太难看了，傈僳族的祖先就自己缝了一条白短裤，一件白色羊皮褂，一件双肩披黑色坎肩穿在身上了（也就是滇金丝猴的样子）。所以，今天傈僳族的人们把金丝猴作为他们自己的祖先。

 猩 猩

猩猩科动物是与人科最接近的动物，包括现代的猩猩、黑猩猩和大猩猩以及一些古猿类。在猩猩科中，与人类亲缘关系最近的是黑猩猩。

猩猩

猩猩就是平常说的红毛猩猩，是亚洲唯一的大猿，现在仅存于婆罗洲和苏

门答腊岛蒸汽缭绕的丛林里。在灵长类当中，猩猩的两个种（婆罗洲猩猩和苏门达腊猩猩，一般认为是两个种，也有的认为应是一个种的两个亚种）有许多方面是很突出的，它们是世界上最大的树栖，也是繁殖最慢的哺乳动物。猩猩被认为是社会的隐居者，而且性生活非常独特，它们建立的地区性模式使人回想起了人类早期的文化。

猩猩体毛长而稀少，毛发为红色，粗糙，幼年毛发为亮橙色，某些个体成年后变为栗色或深褐色。面部赤裸，为黑色，但是幼年时的眼部周围和口鼻部为粉红色。雄性脸颊上有明显的脂肪组织构成的"肉垫"，具有喉囊。牙齿和咀嚼肌相对比较大，可以咬开和碾碎贝壳和坚果。苏门达腊猩猩体型偏瘦，皮毛比较灰，头发和脸都比婆罗洲猩猩的

红毛猩猩

长。手臂展开可以达到 2 米长，可用于在树林之间摆荡。

猩猩（在马来语中是"森林中的人"的意思）在树上攀爬的时候十分谨慎。由于太重而无法跳跃，它们穿越森林顶篷间隙的方式是在一棵树上来回地摆荡，直到能够抓住另一棵树，而且它们总会用两个前肢抓住树枝。这种行动方式是通过它们长长的手臂和比较短的腿（比手臂短30%）以及长长的钩状手掌和脚掌实现的，它们的手臂和腿能够在许多方向上自由地活动。

这种红色猿类的下巴很大，大而平的白齿上有皱起的尖和厚厚的珐琅质——这是一种完美的解剖学结构，有利于撕开木质的果实和带有白蚁巢穴的树枝，磨碎坚硬的种子以及撕下树皮。这些大猿每天至少会建造一次睡觉的平台，它们会将一些树枝折断并折叠，然后在树的顶部将树枝和嫩枝编织成为窝。下雨的时候，它们还会添加额外的一层防雨盖。

猩猩几乎从不下到森林的地面，但是成年的雄性婆罗洲猩猩除外——它们多达5%的时间都是在地面度过的。猩猩不能像非洲的猿类一样用指关节行走，当在地面行动时，它们的手和脚是卷起的。

猩猩的胃口很大，有的时候它们会花上一整天坐在一棵果树上狼吞虎咽。其食物中大约有60%是果实——果实的种类有几百种，无论成熟与否；猿类

喜欢吃果肉中富含糖分或脂肪的果实。在生长有香蕉的地方，猩猩会把这种温和的果实当作主要的食物，因为这种果实数量丰富，也容易获得和消化。猩猩也经常吃树叶和嫩枝、无脊椎动物，偶尔也吃富含矿物质的泥土；它们在很偶然的情况下还吃脊椎动物，如懒猴。当缺少成熟水果的时候，它们会吃种子，或者树木或者藤蔓植物的树皮。特别是在果实歉收的时候，它们强健的齿系为它们带来了很大的好处。当缺少多汁的水果时，它们会喝树洞里面的水；这种猿会将一只手浸入水中，然后吸食从手腕的毛上流下来的水。

猩猩是一种生长和繁殖很慢的长寿动物，可活到三四十岁，人工状态下可活到 60 岁。它们悠闲的生活史可能是为了适应在低死亡率的栖息地生活，以及度过食物稀缺的时期。在野外，雌性 10 岁进入青春期，但是 5 年后才可以生育。幼崽在 1 岁以前都会受到母猩猩的持续照料，当它们 4 岁大的时候，母猩猩才会离开。母猩猩对孩子十分耐心，幼崽在 3 岁断奶以前一直都睡在母猩猩的巢中。即使在断奶之后，幼年猩猩还经常与母猩猩来往。雌性猩猩的产崽间隔通常是 8 年。在野外，雌性能够活 45 岁左右，因此它们一生最多能够生产并养活 4 个孩子，这也许是所有哺乳动物当中数量最少的。

雄性猩猩通常在 12 岁的时候达到性成熟（"接近成年"）。完全成熟的雄性体形大约是雌性的 2 倍，它们脸颊边缘的纤维组织将脸部变得更宽，有着大而长的喉节，手臂和背上有长长的、斗篷一样的毛发；也能发出低沉的"长叫"。它们的第二性特征出现的时间有很大变化：发育最快的未成年雄性能在不到 10 年的时间达到完全成熟；而有些猩猩似乎要停留 20 年或者更长的时间才能最终成熟。这种发育上的停留现象可能是一种适应性的交配策略，这种现象在苏门答腊岛更加常见，那里的种群当中未成年与成年的比例要比婆罗洲种群的比例高出 3 倍。

黑猩猩

黑猩猩是类人猿中分布最广泛的一种，黑猩猩生活在赤道附近的非洲中部和西部热带森林中，长期的森林生活，使它们有极高明的臂行术。在整个动物界中，越是高等动物，情绪活动就越丰富，因为情绪变化是脑功能发达的表现。鸟类、爬行类动物脑结构简单，情绪固定呆板。黑猩猩则不同，它们与人类一样有喜怒哀乐的情绪变化，有些行为与人类极为相似。

当一只黑猩猩遇见食物的时候，往往会呼朋唤友，招集来更多的伙伴，一起享用这些食物。当一只黑猩猩面临强大的敌人之际，别的黑猩猩也不会袖手旁观，或是一起逃离危险地带，或是共同向敌人发动一场斗争。

黑猩猩与人类亲缘密切，其社群行为以复杂灵活而著称。黑猩猩的复杂群体，是一批互相已有亲友关系的黑猩猩组成，彼此交往时态度十分随便。通常它们三五只结成一个小群，但也只能维持一小段时间，一般没几天，更短的只有几个小时，然后就各奔东西了。只有那些由一个母亲和它的子女组成的家庭群，其组成才会长久保持不变。尽管一只黑猩猩在大约 7 岁的时候，会离开母亲，但它仍然终生与母亲保持联系。

黑猩猩妈妈哀悼夭折幼仔

黑猩猩在社群中竞争序位的方式很文明，不作任何直接冲突，而是一些巧妙可见并且完全不具攻击性的动作表演。当两只黑猩猩狭路相逢时，序位较低的一只赶紧乖乖地躲到一边让路，或是干脆绕路而行。当两只序位不同的黑猩猩同时发现一块食物时，序位较低的一只通常会低头服从，任由对方将食物取走。然而序位较高者，对于序位较低者的容忍力往往也很大：当一只居支配地位的成年黑猩猩，走近一只正在棕榈树上采食唯一的一簇成熟果实的幼黑猩猩时，那只成年雄性黑猩猩通常不把那只幼黑猩猩赶走，而是和蔼地与它一起分享。

有时，支配者和臣服者也会因为某一特定个体的出现而相对变化。珍妮·古德尔，这位研究类人猿卓有成绩的女性在观察 3 只她分别命名大卫、戈利亚和威廉的黑猩猩的相互关系时，发现大卫在三者之中永远居于支配地位，而在地位较低的戈利亚和威廉之间，彼此的关系显得非常特别，当大卫不在时，戈利亚和威廉彼此平等相待；如果 3 只黑猩猩同在一起时，戈利亚的地位便立刻高于威廉——这显然是由于大卫和戈利亚之间具有一种特殊的友谊关系，以致戈利亚的地位才会提高。

20 世纪 70 年代一位科学家对 3 只黑猩猩做了这样有趣的实验，来证实黑猩猩能否利用工具。给黑猩猩一个长形的狭长管子，手臂是无法伸进去的，里面放着黑猩猩爱吃的食物，但光靠它自身的器官是无论如何也拿不到食物的，必须用一根长棍把吃的东西从管子里捅出来。在工作人员的示范下，黑猩猩很快就学会了利用木棍把管子里的食物取到手。

接着，把木棍的一端捆上一段横木，横木的长度超过管子的直径，因此从这一端是不能将木棍插进管子的，而另一端却依旧可帮助取食。黑猩猩刚拿到这个工具时，曾试图把有横木的这一端插到管子里去，直到经历了几次失败以后，它似乎悟出两端的区别，于是将木棍调过头来使用，从管子里捅出了食物。

然后工作人员继续这个实验，将木棍的两端都捆上横木。黑猩猩一开头，还是想把木棍直接塞进管子，这当然是行不通的。研究人员将这根本棍暂且放在一边，换一根天然的带枝杈的树枝，黑猩猩拿到树枝后，把侧枝一一去掉，然后用这根加工过的树枝取到了食物。当它再次拿起两端捆上横木的木棍时，就会用力去掉两端的横木，或是用牙齿把横木咬下来，或是解开捆绑用的绳子，然后用光秃秃的木棍顺利地捅出了食物，兴高采烈地到一旁享用去了。

这一系列的实验设计，向我们展示了黑猩猩利用工具和对工具简单加工的本领。

研究人员在证实了黑猩猩能够利用工具之后，又将实验继续引深，以证实黑猩猩能否制造工具。

给黑猩猩一个外表上丝毫不像木棍的材料，这是一个薄木板制的圆盘，和拿到所需的食物的工具没一丝相同之处。经过再三试验之后，黑猩猩终于找到了好办法，它把圆盘折裂成木条，然后再去捅入管中。有趣的是，它们总是顺着木质纤维的方向来折裂圆盘。当它们做得熟练之后，工作人员又在圆盘上人为地画上许多与木质纤维成垂直的条纹，黑猩猩先是顺着所画条纹方向折裂圆盘，这肯定不易折断，于是它一边转动圆盘，一面施加压力，最后仍旧是在顺着木质纤维天然的方向，把木盘折裂了。

这之后，再给黑猩猩一些比原来圆盘坚硬的木圆盘，单靠其自己的力量，是如何也折不断的，在木圆盘的边上再放上一个弄得很锐利的石块，目的是让黑猩猩利用这个像斧子一样的工具去劈开圆盘，但这项实验未能成功。

从整个的实验来看，黑猩猩在完成任务的过程中表现出相当的机敏，它们会千方百计地寻找自己所需要的工具。但是，它们至多只会用自己天然的器官对工具进行某些加工，比如用牙咬，用手臂的力量去掰，但却不会想到利用其他工具，例如石块，来加工制作自己适用的工具。

德国的一位科学家沃尔夫冈·科勒对黑猩猩的学习行为进行了一系列的实验，证明了黑猩猩确实具有经过推理解决问题的能力。

在实验中，他把黑猩猩爱吃的水果悬在它够不到的高处天花板上，在实验的房子中有3个木箱子，这意味着黑猩猩只有把3个木箱子摞在一块，然后爬上去，才能拿到水果。显然这决不是反复实验型的学习。

科勒观察到，一开始时，黑猩猩见到天花板上悬着的食物兴奋地到处乱跑，一会儿便安静下来，好像在琢磨拿到水果的办法，然后它径直奔向一只箱子，把它放在了正对水果的下方地面上，爬上箱子朝上望，它准备往上跳跃可是最终没有跳跃。当时凡是能够用来够到水果的其他工具都拿走了，于是黑猩猩爬下来，抓住另一只箱子，拖在身后，在屋子里到处乱跑，突然它的行为完全变了，仿佛已想好解决难题的办法，它停止喧闹，把第二只箱子径直拉到第一只箱子跟前，竖立在前一只箱子上面。黑猩猩又登上这有点摇晃的建筑物，几次要跳，但又没有跳，水果还是太高，够不着。但此时它已完成了主要的任务，这就是找到了一种解决的办法。最终它将三只箱子都摞在一起，吃到了水果。

有一次黑猩猩在实验中，不去摞箱子够食物，而是走到饲养员跟前，拉着他的手，把他引到悬挂水果的下面，然后攀上饲养员的肩头，够到了水果；既然黑猩猩又想出了够到水果的省事方法，于是研究人员嘱咐饲养员，如果黑猩猩再拉他的话，可以假装顺从，但是一旦黑猩猩登上他的肩膀，饲养员要立刻蹲下来。下一次实验中，黑猩猩果然又去拉饲养员来到悬挂水果位置的下方，当它刚一攀上饲养员的肩头，不曾想饲养员蹲下来了，这样一蹲黑猩猩就别想够到水果了。黑猩猩抱怨着跳下来，双手抓住饲养员的肩部，用尽全力要把他拉站起来，以使它再次够到水果。

黑猩猩这种力图用人类充当工具的方式，实在令人惊奇！

科学家们早就发现，黑猩猩是一种具有很高智能的动物，它具有能解决多种问题的能力，甚至还有制作和利用简单工具的本领，例如，它会使用树枝从坚如岩石的蚁窝中钓食白蚁。

有许多科学家甚至设想既然类人猿——黑猩猩如此聪明，又是最接近于人类的动物，教它们呀呀学语也未尝不可。但到目前为止，教黑猩猩讲话的所有尝试都失败了。

美国的科学家正试验用新的手段与黑猩猩交流——即用聋哑人的手语会话。他们每天用大量时间与黑猩猩呆在一起嬉戏和进餐，科学家之间也用手语对话。一年后，这只黑猩猩已掌握了表示各种行为的手语，更重要的是，它还能进一步地把这些手势连在一起使用，表达自身的要求。如果它想喝水，便作出"饮"的信号手势；如果它想喝果汁，便在"给"的信号后面紧接着作出"甜东西"的信号。它很喜欢去外面玩耍，但如果用手语"告知"它们外面有一只大狗时，即使它没有看见这只狗，但仍露出恐惧的表情，无论你怎样引诱它，它都会斩钉截铁地做出"不去"的手势。

　　人类最初就是用手势信号互相交换信息的，后来才学会了利用语言，正由于这一点才使人区别于其他灵长类而独立存在。

大猩猩

　　大猩猩是灵长目中最大的动物，它们生存于非洲大陆赤道附近丛林中，食素。至 2006 年为止依然有大猩猩分一种还是两种的争论，种以下它分 4～5 个亚种。大猩猩 92%～98% 的 DNA 排列与人一样，因此它是继黑猩猩属的两个种后与人类最接近的现存的动物。

　　大猩猩是灵长类中体形最大的种，站立时高 1.3～1.8 米。雄性比雌性体大。体重雌性 70～120 千克，雄性 140～275 千克。大猩猩的毛色大多是黑色

大猩猩

的。年长（一般 12 岁以上）的雄性大猩猩的背毛色变成银灰色，因此它们也被称为"银背"，银背的犬齿尤其突出。山地大猩猩的毛尤其长，并有丝绸光泽。大猩猩的血型多数是 B 型，有少量 A 型，但没有 O 型。大猩猩和人一样有各不相同的指纹。

大猩猩有 3 个种类：东部低地种、西部低地种和高山种。高山大猩猩生活在非洲中部很小的一块地区内——维龙加山脉。它们有长而厚的毛发可以保暖。大猩猩过着群居的生活，每群由一个被称为"银背"的成年雄性大猩猩领导。每一群里都有好几只雌猩猩和它们的孩子，"银背"带领大家寻找食物，并找地方让大家晚上休息，它们折弯树枝来搭窝睡觉。"银背"用喊叫和捶胸这样的吓唬方式赶走其他雄性大猩猩。

由于长着粗鲁的面孔和巨大的身材，大猩猩看起来好像十分吓人，尤其是影片把大猩猩金刚刻画成长有獠牙的肉食动物的形象。但如果仔细观察大猩猩的牙齿，会发现其实它并没有可怕的獠牙。实际上，大猩猩是非常平和的素食者。它们大部分时间都在非洲森林的家园里闲逛、嚼枝叶或睡觉。据估计，一只成年雄性大猩猩，一天要吃掉 28 千克食物，全部都是植物，相当于 200 个大苹果和 60 颗白菜。大猩猩在选择食物方面是属于十分挑剔的动物，幸好在非洲这块"猩猩的乐园"里，供它们选择的植物种类也很多，大约有 300 多种。

令人奇怪的是，大猩猩几乎从来不喝水，它们所需要的全部水分都从所吃的植物中得到。它们特别喜欢吃香蕉树多汁儿而且带点苦味的树心，对于大猩猩来说，香蕉树的树心是一种最好的食物和水二合一的食品。同时，它们通常靠吃竹子获取蛋白质，看来还是比较注意营养合理搭配的。在动物园，饲养员主要喂食大猩猩各种水果蔬菜，比如香蕉、苹果、大白菜等。不过大猩猩也不拒绝"荤菜"，肉、蛋、奶也吃得很香。大猩猩喜欢吃植物的果实还有茎和叶，它的前肢特别灵活，它们可以用前肢找到食物并把食物放进嘴里。还有更神奇的，大猩猩还会清洗食物呢，抓起食物以后它们会迅速地在水里清除泥垢和残留物，然后吃掉它。

大猩猩很爱自己的孩子，在遇到危险时，它们会不顾一切地保护自己的家庭。其实大猩猩属于两栖型类人猿，所以它们在沼泽地里能行动自如。电影《金刚》把大猩猩塑造成身体强健、力大无穷的猛兽。在《金刚》中，大猩猩金刚扔出一架战斗机砸落了另一架战斗机，现实世界中大猩猩当然不会扔飞机了，但它们扔砖头还是非常厉害的，十几米的距离内相当准。只是大猩猩扔砖

头的方式并不像电影中金刚那样胳膊越过肩向前扔出，而是像打水漂那样从下往上甩出去。

 **知识点**

苏门答腊岛

世界第六大岛，印度尼西亚第二大岛屿，仅次于加里曼丹岛（婆罗洲）。东北隔马六甲海峡与马来半岛相望，西濒印度洋，东临南海和爪哇岛东南与爪哇岛遥接。南北长1 790千米，东西最宽处435千米。面积43.4万平方千米，包括属岛约47.5万平方千米，占全国土地面积的1/4。中部有赤道穿过，西半部山地纵贯，有90余座火山。东半部为平原，南宽北窄，最宽处约100千米以上。常年高温多雨，各地温差不大，降雨则有明显差异。西海岸年降水量1 000毫米，山区可达4 500～6 000毫米；山脉东坡至沿海平原年降水量2 300～3 100毫米，岛的南北两端年降水量1 500～1 700毫米。河流众多，主要有穆西河、巴当哈里河、因德拉吉里河、甘巴河等，多能通航。热带雨林广大，覆盖率60%。有石油、煤、铁、金、铜、钙等矿藏。农产品以稻米、咖啡、橡胶、茶叶、油棕、烟草、椰子等为主。工业有炼油、采矿、机械、化工、食品加工等。重要城市有棉兰、巴东、巨港等。

 **延伸阅读**

人与黑猩猩

基因组测序研究在媒体里热闹地反复出现，让这样一些数字为普通公众所熟悉：人与果蝇共享60%的遗传信息，与老鼠的相似度是80%，与黑猩猩的相似度约为98.5%。须知，两个人之间的基因最多相差1.5%，所以黑猩猩与人的相似程度令人惊讶。而事实上，人同黑猩猩间是可以互相输血的。然而，仅仅1.5%的差异，就决定了一个在笼子外面，一个在笼子里面；一个办奥运会，一个在树上跳来跳去；一个研究哥德巴赫猜想，一个数到 9 就很了不起；一个可以长成奥黛丽·赫本那样，一个全身披满黑毛；一个大讲"自由、平等、博爱"，一个在医学实验室里受折磨。

直立行走、复杂语言、科学和艺术、哲学和宗教……这些人类特有的东西，其根源都可追究到这 1.5%。而在这 1.5% 中，又究竟是哪些具体的差异，在黑猩猩与人之间划出了界限？美国科学家已于 2003 年绘制出了黑猩猩的基因组草图，但还不够精确和完整。在将黑猩猩与人这样的近亲进行比较时，很难说哪些基因差异是真的差异、哪里只是数据误差。

狒 狒

狒狒是猴科的一属，是灵长类中次于猩猩的大型猴类，共分为 5 种，都分布于非洲地区。过去的分类法把狮尾狒也归入狒狒属，现在已单独列为一属。

狒 狒

狒狒栖息于热带雨林、稀树草原、半荒漠草原和高原山地，更喜生活于这里较开阔多岩石的低山丘陵、平原或峡谷峭壁中。主要在地面活动，也爬到树上睡觉或寻找食物。善游泳。能发出很大叫声。白天活动，夜间栖于大树枝或岩洞中。食物包括蛴螬、昆虫、蝎子、鸟蛋、小型脊椎动物及植物。通常中午饮水。每天的觅食活动范围达 8 ~ 30 千米，主要天敌是豹。雌性约在 10 岁达到性成熟，到 30 岁停止生育。每 3 ~ 6 年产一崽，怀孕期约为 235 ~ 270 天。幼崽需要哺乳 3 年，7 ~ 10 岁的时候才完全独立。野生寿命约 35 年，人工条件下可达 60 岁。

狒狒是在集群营地栖生的高等猴类，是猴类中社群生活最为严密的一种，有明显的等级序位和严明的纪律，惩罚的残酷令人触目惊心。在野生状态下的狒狒群体，经过几年一个周期，就会发生争战，或分群或换王。因为以新换旧、以强换弱是狒狒王国的法则。狒狒一般性成熟在 6 岁左右，它的好斗自然也有争夺配偶的繁殖因素。通常先是向比它地位稍高的雄狒狒主动发起挑衅。说来有趣，这和某些人类吵架一模一样，先是瞪眼睛、竖胡子，放开喉咙大叫或吼一通，进而撞台拍凳。但狒狒则是拍打地面进行威胁。如果原来地位高的心虚怕了就认输，那么，自行退下承认年轻狒狒的地位比它高。如果都不服，就开始拉拉扯扯，爪对爪、牙对牙厮打。结果会有 3 种情况：①打赢了，胆子越打越大，一直打到"大王"地位，但在狒群中单靠蛮力也不行，也要会团结众狒，要会一点手段，即比较聪明；②打输了投降，主动抬起臀部，让胜方骑一下，承认自己地位卑下，可以免去进一步的惩罚，不至被活活咬死；③输了落荒离群而逃，逃到其他狒狒群中去当小三子，若这一群狒狒群体较弱，过了一段时间，也许又争了一个王位，但那是非常少的幸运儿。

狒狒群体大的有 200 ~ 500 头，夜晚它们集体住宿在峭壁悬崖上，并有专门担任警卫的狒狒，遇有食肉兽侵袭，狒王率领年轻力壮的雄狒，与敌对抗，母狒和幼狒则迅速撤退。白天，狒狒为了觅食的方便，分成 30 ~ 50 头小群，分散觅食，每一小群都有一个首领带路，其他雄狒在两侧警戒，中间是母狒和仔狒，仔狒得到全群保护，一旦哪头雌狒生了幼仔，就受到格外优待，怀中的幼狒，会让其他表示友好的雌狒抱一抱，这也是狒狒王国笼络感情的方式。

当然，狒狒群并非一直烽火争战，一般新王产生后在相当长一段时间会很安稳，而且繁殖增加，群体会迅速增长。这时的狒王也会主动对地位低下的雄狒、雌狒表示友好，为它们理毛，这结果更加巩固了它的地位，群狒也争相拍狒王的"马屁"，狒王只是象征性为臣狒理毛，而地位低的狒狒则尽力而作，故狒王的毛总是油光顺溜，最为光滑，一眼就能看得出。

狒狒们集体外出时，一些雄狒狒总是走在最前面，中间是幼仔和雌狒狒，最后压阵的是另外的雄狒狒。这样的"阵形"对于雌狒狒和幼狒狒的安全非常有利。当狒狒家族遇到危险时，富有战斗力的首领会毫不犹豫地挺身而出对抗敌人，保护群体的安全。即便在撤退途中，队伍的秩序也会有条不紊，雄狒狒总是在最外层保护着雌狒狒与幼狒狒的安全。当狒狒群遇到狮群时，狒狒们分工明确，有的捡起石块投向狮群，有的怒吼助威，会集体将狮群击退。

狒狒口中的獠牙是权力的象征，越大则地位越高。另外，獠牙也是威慑敌人的有力武器。遇到敌人时，它们首先会龇出长长的獠牙恐吓对手。

知识点

热带雨林

19世纪，德国植物学家辛伯尔广泛收集和总结了热带地区的科学发现和各种资料，把潮湿热带地区常绿高大的森林植被称作热带雨林，并从当时的生态学角度对它进行了科学描述和解释。热带雨林具有独特的外貌和结构特征，与世界上其他森林类型有明显的区别。热带雨林主要生长在年平均温度24℃以上，或者最冷月平均温度18℃以上的热带潮湿低地。

大多数热带雨林都位于北纬23.5°和南纬23.5°之间（即南回归线和北回归线之间的地区）。在热带雨林中，通常有3～5层的植被，上面还有高达四五十米的树木像帐篷一样支盖着。下面几层植被的密度取决于阳光穿透上层树木的程度。照进来的阳光越多，密度就越大。热带雨林主要分布在南美、亚洲和非洲的丛林地区，如亚马孙平原和云南的西双版纳。每月平均温度约为18℃，平均降水量每年2000毫米以上，超过每年的蒸发量。

⋯▶ 延伸阅读

猴子的屁股为什么这样红

猴子是极喜欢坐的动物，所以屁股常在地上蹭来蹭去，毛被磨掉后皮肤就露出来了。屁股上的皮肤有一部分叫做性皮，有许多血管穿过这里。平时不太显眼，但一到发情期，由于雄性激素增多，血液循环加快，全身皮肤上的血管，特别是性皮上的血管和脸上的血管便清楚地显露出来，屁股呈红色。在这一时期，不但屁股发红，而且脸也发红。据说，这是公猴向母猴发出的求偶信号，母猴见到后也会发情。大型的猴科动物蓑狒（头部两侧至肩部和背部均披散着长毛，形如蓑衣），在发情期屁股不但鲜红，而且发亮。

有蹄动物

一提到有蹄动物，人们自然会想到成群的野驴、黄羊、鹅喉羚、野骆驼在一望无际的原野上奔驰的场面。我国的草原，雨量少、温差大，不宜树木生长，但牧草却分外茂密。丰盛的水草为草原动物提供了优越的生存条件。有蹄动物种数虽少，但数量大。

当然，有蹄动物并非只生活在开阔的原野上，还有出入森林和灌木丛的獐、狍、麂、鹿和野猪，以及在山地攀爬的各种羊类。

有蹄动物包括趾数为单数的奇蹄目和趾数为偶数的偶蹄目。奇蹄目世界上共有17种，如马、驴、貘、犀等动物，在我国仅分布有野马、野驴和藏野驴3种；偶蹄目共有194种，我国分布的有41种，其中有不少特产动物，如野骆驼、野牦牛、原麝、马麝、獐、黑麂、毛冠鹿、白唇鹿、麋鹿、藏羚、羚牛等。

奇蹄目动物体形均较高大，四肢长，它们的侧趾退化，中趾发达，末端为蹄，耳大，上下颌都长有门齿和白齿，胃仅有一个胃室，靠特大的盲肠来帮助消化食物。偶蹄目动物体形中等，善奔跑，第3、4趾发达，均衡地承担全身体重，第2、5趾小而呈悬蹄或消失，为蹄行性，从趾端的蹄着地面行走。大部为反刍动物，胃构造复杂，有4室，这是一种缩短取食时间和加强消化粗糙食物的特殊适应。

我国的有蹄动物，除有科研价值或作为观赏动物外，几乎都可以列为资源动物，如鹿科中的麝，不但种类多，资源也丰富，居世界之首。在中国传统的中草药中，以麝香和鹿茸最为名贵。现代的大家畜如骆驼、水牛、牦牛、山羊、绵羊等也是从野生的有蹄动物中驯化而来的。

大　象

　　大象是现存世界最大的陆栖动物，其主要外部特征为柔韧而肌肉发达的长鼻和扇大的耳朵，具缠卷的功能，是大象自卫和取食的有力工具。长鼻目仅有象科1科共2属2种，即亚洲象和非洲象。亚洲象历史上曾广布于中国长江以南的南亚和东南亚地区，现分布范围已缩小，主产于印度、泰国、柬埔寨、越南等国。中国云南省西双版纳地区也有小的野生种群。非洲象则广泛分布于整个非洲大陆，喜欢群居。

　　大象是群居性动物，以家族为单位，由雌象做首领，每天活动的时间，行动路线，觅食地点，栖息场所等均听雌象指挥。而成年雄象只承担保卫家庭安全的责任。有时几个象群聚集起来，结成上百头大群。

大　象

　　大象可以用人类听不到的次声波来交流，在无干扰的情况下，一般可以传播11千米，如果遇上气流导致的介质不均匀，只能传播4千米，如果在这种情况下还要交流，那象群会一起跺脚，产生强大的"轰轰"声，这种方法最远可以传播32千米。那远方的大象如何听到？总不能把耳朵贴在地上听吧？其实大象用骨骼传导，当声波传到时，声波会沿着脚掌通过骨骼传到内耳，而大象脸上的脂肪可以用来扩音，动物学家把这种脂肪称为扩音脂肪，许多海底动物也有这种脂肪。

　　大象的求爱方式比较复杂，每当繁殖期到来，雌象便开始寻找安静僻静之处，用鼻子挖坑，建筑新房，然后摆上礼品。雄象四处漫步，用长鼻子在雌象身上来回抚摸，接着用鼻子互相纠缠，有时把鼻尖塞到对方的嘴里。

　　非洲象是现存最大的陆生哺乳动物，它的体长6~7.5米，体重5~7.5吨。最高纪录为一只雄性，体全长10.67米，体重11.75吨。最大的象牙纪录为长350厘米，重约107千克。非洲成年象确实强悍，近年来研究表明非洲象有两种：非洲草原象和非洲森林象。常见的非洲草原象是世界上最大的陆生哺乳动物，耳朵大且下部尖，不论雌雄都有长而弯的象牙，性情极其暴躁，会主动攻击其他动物。非洲森林象耳朵圆，个体较小，一般不超过 2.5 米高，象牙质地更硬。

历史上，非洲象居住在撒哈拉沙漠的以南地区，由于人类侵犯和农业用地不断扩张，非洲象的栖息地仅限于国家公园和保护区的森林、矮树丛和稀树草原。象群由一头 50～70 岁的老雌象带领，象群一般由 8～10 头或 15～30 头大象组成。

母象的孕期大约 22 为个月（哺乳动物中最长的），每隔 4～9 年产下一仔。幼象出生时大约重 79～113 千克，大约到 3 岁时才断奶，但会同母象一同生活 8～10 年。头象和雌象一直生活在一起，而雄性非洲象在 14～14 岁青春期离开象群。有血缘关系的象群关系比较密切，有时会聚集到一起形成 200 头以上的大型群落，但是这只是暂时性的。非洲象的平均年龄在 60～70 岁。

亚洲象分布于中国云南省南部，国外见于南亚和东南亚地区。亚洲象生活于热带森林、丛林或草原地带。群居，由一只雌象率领，无固定栖地，日行性。视觉较差（主要是由于象的睫毛比较长所以影响视力），嗅、听觉灵敏，炎热时喜水浴。晨昏觅食，以野草、树叶、竹叶、野果等为食。

繁殖期不固定，孕期 20～22 个月，产 1 仔，9～12 岁性成熟，寿命 70～80年。北京动物园 1951 年饲养展出，1964 年繁殖成功。

亚洲象是列入《国际濒危物种贸易公约》濒危物种之一的动物，也是我国一级野生保护动物，我国境内现仅存 300 余头。

知识点

西双版纳

西双版纳位于云南的南端，与老挝、缅甸山水相连，与泰国、越南近邻，土地面积近 2 万平方千米。她美丽、富饶、神奇，犹如一颗璀璨的明珠镶嵌在祖国西南的边疆。澜沧江纵贯南北，出境后称湄公河，流经缅、老、泰、柬、越 5 国后汇入太平洋，被誉为"东方多瑙河"。西双版纳辖景洪市、勐海县、勐腊县和 11 个国营农场。这里聚居着傣、哈尼、拉祜、布朗、基诺等13个少数民族，占全州人口的74%。

　　该地区有着种类繁多的动植物资源，被称之为"热带动物"王国。其中许多珍稀、古老、奇特、濒危的动、植物又是西双版纳独有的，引起了国内外游客和科研工作者的极大兴趣。景观以丰富迷人的热带、亚热带雨林、季雨林、沟谷雨林风光，珍稀动物和绚丽多彩的民族文化，民族风情为主体。

延伸阅读

猛犸象

　　猛犸是鞑靼语"地下居住者"的意思，曾经是世界上最大的象。它身高体壮，有粗壮的腿，脚生四趾，头特别大，在其嘴部长出一对弯曲的大门牙。一头成熟的猛犸，身长达5米，体高约3米，门齿长1.5米左右，体重可达4~5吨。它身上披着黑色的细密长毛，皮很厚，具有极厚的脂肪层，厚度可达9厘米。从猛犸的身体结构来看，它具有极强的御寒能力。与现代象不同，它们并非生活在热带或亚热带，而是生存于亚、欧大陆北部及北美洲北部更新世晚期的寒冷地区。

　　在阿拉斯加和西伯利亚的冻土和冰层里，曾不止一次发现这种动物冷冻的尸体。科学家认为，地球上的猛犸是死于突如其来的冰期，使得死亡后的尸体即遭冻结，故未来得及腐烂。又由于千百年来在地穴中受到冰雪的保护掩埋，故能完整地被保存下来。

马

　　马，草食性家畜。在4 000年前被人类驯服。马在古代曾是农业生产、交通运输和军事等活动的主要动力。随着生产力的发展，科技水平的提高，动力机械的发明和广泛应用，马在现实生活中所起的作用越来越小，马匹主要用于马术运动和生产乳肉，饲养量大为减少。但在有些发展中国家和地区，马仍以役用为主，并是役力的重要来源。

　　不同品种的马体格大小相差悬殊。重型品种体重达 1 200 千克，体高 200 厘米；小型品种体重不到 200 千克，体高仅 95 厘米，所谓袖珍矮马仅高 60 厘米。头面平直而偏长，耳短。四肢长，骨骼坚实，肌腱和韧带发育良好，附有掌枕遗迹的附蝉（俗称夜眼），蹄质坚硬，能在坚硬地面上迅速奔驰。毛色复杂，以骝、栗、青和黑色居多；皮毛春、秋季各脱换一次。汗腺发达，有利于调节体温，不畏严寒酷暑，容易适应新环境。胸廓深广，心肺发达，适于奔跑和高强度劳动。食管狭窄，单胃，大肠特别是盲肠异常发达，有助于消化吸收粗饲料。无胆囊，胆管发达。牙齿咀嚼力强，门齿与臼齿之间的空隙称为受衔部，装鞍时放衔体，以便驾驭。根据牙齿的数量、形状及其磨损程度可判定年龄。听觉和嗅觉敏锐。两眼距离大，视野重叠部分仅有 30%，因而对距离判断力差；同时眼的焦距调节力弱，对 500 米以外的物体只能形成模糊图像，而对近距离物体则能很好地辨别其形状。头颈灵活，两眼可视面达 330°～360°。眼底视网膜外层有一层照膜，感光力强，在夜间也能看到周围的物体。马的生命年龄，大约是人的 1/3，一般马的寿命大约 20 岁。

　　马的嗅觉是很发达的，是信息感知能力非常强的器官，这使它能在听觉或其他感知器官没有察觉的情况下很容易接收外来的各样信息，并能迅速地做出反应。发达的嗅觉与灵敏的听觉以及快速而敏捷的动作完美结合，是千万年来马进化成功之处，也是马为人类贡献的主要生理特征。

马

　　马的听觉是非常发达的，是信息感知能力很强的器官，这是在长期进化过程中形成的。听觉发达是对马视觉欠佳的一种生理补偿，这对在原始状态上马的生存是非常必要的。因为马在自然界中生存的关键问题就是躲避猎食动物的袭击，而马躲避猎食动物袭击的本领就是逃跑和有限的反击。

马一天中有很长的时间进行采集食物，饲料经过嗅觉初步断定外，主要就由味觉来决定食入的速度和多少。因此，味觉是马匹很重要的感知器官。有关马的味觉方面研究的材料不多，但马的味觉很有特色，也很好掌握利用。

马睡觉不一定非在晚上，更不是一觉睡到大天亮。要是没人打搅它，它可以随时随地睡觉，站着、卧着、躺着都能睡觉。大马一天能睡八九次，加起来差不多有 6 个小时。天亮以前的两个小时，马睡得最香。马站着睡觉继承了野马的生活习性。野马生活在一望无际的沙漠草原地区，在远古时期既是人类的狩猎对象，又是豺、狼等肉食动物的美味佳肴。它不像牛羊可以用角与敌害作斗争，唯一的办法，只能靠奔跑来逃避敌害。而豺、狼等食肉动物都是夜行的，它们白天在隐蔽的灌木草丛或土岩洞穴中休息，夜间出来捕食。野马为了迅速而及时地逃避敌害，在夜间不敢高枕无忧地卧地而睡。即使在白天，它也只好站着打盹，保持高度警惕，以防不测。家马虽然不像野马那样会遇到天敌和人为的伤害，但它们是由野马驯化而来的，因此野马站着睡觉的习性，至今仍被保留了下来。除马外，驴也有站着睡觉的习性，因为它们祖先的生活环境与野马极为相似。

马在世界各地多有分布，而我国是一个产马的大国，下面重点介绍一下我国的几个知名马种：

蒙古马是中国乃至全世界较为古老的马种之一，主要产于内蒙古草原，是典型的草原马种。蒙古马体格不大，平均体高 120～142 厘米，体重 267.7～372 千克。身躯粗壮，四肢坚实有力，体质粗糙结实，头大额宽，胸廓深长，腿短，关节、肌腱发达。被毛浓密，毛色复杂。它耐劳，不畏寒冷，能适应极粗放的饲养管理，生命力极强，能够在艰苦恶劣的条件下生存。8 小时可走 60 千米左右路程。经过调驯的蒙古马，在战场上不惊不炸，勇猛无比，历来是一种良好的军马。

哈萨克马是一种草原型马种，在我国主要产于新疆。其形态特征是：头中等大，清秀，耳朵短。颈细长，稍扬起，鬐甲高，胸销窄，后肢常呈现刀状。现今伊犁哈萨克州一带，即是汉代西域的乌孙国。两千年前的西汉时代，汉武帝为寻找良马，曾派张骞三使西域，得到的马可能就是哈萨克马的前身。到唐代中叶，回纥向唐朝卖马，每年达 10 万匹之多。其中很多属于哈萨克马。因此，中国西北的一些马种大多与哈萨克马有一些血缘关系。

河曲马也是中国一个古老而优良地方马种，历史上常用它作贡礼。原产黄河上游青、甘、川三省交界的草原上，因地处黄河盘曲，故名河曲马。它是中国地方品种中体格最大的优秀马。其平均体高 132～139 厘米，体重为 350～450 千克。河曲马头稍显长大，鼻梁隆起微呈现兔头型，颈宽厚，躯干平直，胸廓深广，体形粗壮，具有绝对的挽用马优势。驮运 100～150 千克，可日行 50 千米。河曲马性情温顺，气质稳静，持久力较强，疲劳恢复快。故多作役用，单套大车可拉 500 千克重物，是良好的农用挽马。

三河马是血统极为复杂的的马种。20 世纪初，一些俄国贵族来到中国东北，他们带来了奥尔洛夫马、皮丘克马等良种。日本占领时期，又带来了纯血马、盎格鲁阿拉伯马等马种。这些马通过与当地马种杂交，逐渐形成了今天的三河马。三河马体格较蒙古马高大，它形态结实紧凑，外貌俊美，胸廓深长，肌肉发达，体质结实，背腰平直，四肢强健，关节明显。毛色主要为骝毛、栗毛和黑毛三种。平均体高 140～147 厘米，体重 330～380 千克。三河马气质威悍，但性情温驯，耐粗饲，适应较粗放的群牧生活。它属挽乘兼用经济类型。乘马跑 1 千米只需 1 分 10 秒时间。单马拉起载重 500 多千克的胶轮大车，半小时可走完 10 千米。

伊犁马是以新疆的哈萨克马为基础，与前苏联顿河马、奥尔洛夫马等杂交而成。当地牧民称它"二串子马"。20 世纪 60 年代后，伊犁马的培育主要以顿河马为主，其顿河马的血液达到了 50% 以上。伊犁马平均体高 144～148 厘米，体重 400～450 千克。体形高大，结构匀称，头部小巧而伶俐，眼大眸明，头颈高昂，四肢强健。当它颈项高举时，有悍威，加之毛色光泽漂亮，外貌更为俊美秀丽。毛色以骝毛、栗毛及黑毛为主，四肢和额部常有被称作"白章"的白色斑块。伊犁马性情温顺，禀性灵敏，擅长跳跃，宜于山路乘驮及平原役用。在 126 千米的长途竞赛中，负重 80 千克，7 小时 12 分钟就可到达。是优秀的轻型乘用马。

大宛马。大宛是古西域国名，在今中亚费尔干纳盆地。据《史记》记载，大宛马"其先天马子也"，它在高速疾跑后，肩膀位置慢慢鼓起，并流出像鲜血一样的汗水，因此得名"汗血宝马"。按说，引进的汗血宝马有雌有雄，是可以进行繁殖的。但由于我国地方马种在数量上占绝对优势，引入马种后，都走了"引种—杂交—改良—回交—消失"的道路。同时，由于战马多被阉割，也使一些汗血宝马失去繁殖能力。种种原因使汗血宝马在国内踪迹难寻，目前只有土库曼斯坦和俄罗斯境内，还生存有数千匹汗血宝马。

土库曼斯坦

　　土库曼斯坦是一个中亚国家，前苏联加盟共和国之一，苏联时期的名称为土库曼苏维埃社会主义共和国，1991年10月宣布独立。土库曼斯坦是世界上最干旱的地区之一，但它拥有丰富的天然气（世界第五）和石油资源，石油天然气工业为该国的支柱产业。而农业方面则以种植棉花和小麦为主，亦有畜牧业（阿哈尔捷金马等）。在外交方面，联合国在1995年12月12日承认土库曼斯坦为一个永久中立国。

　　首都阿什哈巴德是位于卡拉库姆沙漠中的一个绿洲城市，距伊朗边境30余千米，气候干旱。国土面积为48.81万平方千米，是仅次于哈萨克斯坦的第二大中亚国家。全境大部是低地，平原多在海拔200米以下，80%的领土被卡拉库姆大沙漠覆盖。南部和西部为科佩特山脉和帕罗特米兹山脉。主要河流有阿姆河、捷詹河、穆尔加布河及阿特列克河等，主要分布在东部。

 **延伸阅读**

斑　马

　　斑马生活在非洲大陆东部、中部和南部，喜欢栖息在平原和草原，山斑马则居于多山地区。南非洲产山斑马，除腹部外，全身密布较宽的黑条纹，雄体喉部有垂肉。非洲东部、中部和南部产普通斑马，由腿至蹄具条纹或腿部无条纹。非洲南部奥兰治和开普敦平原地区产拟斑马，成年拟斑马身长约2.7米，鸣声似雁叫，仅头部、肩部和颈背有条纹，腿和尾白色，具深色背脊线。东非还产一种格式斑马，体形较大，耳长约20厘米，全身条纹窄而密，因而又名细纹斑马。

　　山斑马喜在多山和起伏不平的山岳地带活动；普通斑马栖于平原草原；细纹斑马栖于炎热、干燥的半荒漠地区，偶见于野草焦枯的平原。在所有斑马中，细斑马长得最大最美。成年细斑马的肩高 140～160 厘米，耳朵又圆又大，条纹细密且多。

斑马是群居性动物，常结成群 10～12 只在一起，也有时跟其他动物群，如牛羚乃至鸵鸟混合在一起。它们还有一个特点，即使在食物短缺时，从外表看仍是又肥壮皮毛又有光泽。

 驴与骡子

驴和马同属马属，但不同种，它们有共同的起源，互相交配均可产生种间杂种骡子。驴起源于非洲，非洲野驴为现代家驴的祖先。驴被驯化很可能发生在 5 000 年前。

法国国家科研中心近期对来自 52 个国家的 427 头家驴进行了基因取样，同时对历史上动物驯化比较频繁的地区，如非洲、亚洲西南部等几个地区的野驴种群进行取样，将两者的基因样品进行比较后发现，家驴与非洲北部的努比野驴非常相似。早在新石器时代，在非洲已形成驴的亚属，其中就有现代驴。至青铜器时代，驴已被驯化成家畜。中国的家驴，乃是公元前数千年以前，由亚洲野驴驯化而来。亚洲野驴存在几种类型，迄今仍有少量野驴生息在亚洲内陆，如阿拉伯、叙利亚、印度、中亚细亚和中国新疆、西藏、青海、内蒙古的偏僻沙漠和干旱草原。中国家驴中现有部分驴，仍保留着野生驴的某些毛色、外形特征和特性。野驴和家驴交配可以繁殖后代。

据研究，中国在公元前 4000 年左右殷商铜器时代，新疆莎车一带已开始驯养驴，并繁殖其杂种。自秦代开始逐渐由中国西北及印度进入内地，当作稀贵家畜。约在公元前 200 年汉代以后，就有大批驴、骡由西北进入陕西、甘肃及中原内地，渐作役畜使用。据《逸周书》卷六记载："伊

驴

尹为献令，正北、空同、大夏、莎东、匈奴、楼烦、月氏诸国以真驼、野马为献。"按伊尹为商汤时代人，上述地区大多在今新疆天山以南和甘肃等地。依此而论，在3500年前，新疆已经驯养了驴，并利用驴和马杂交获得。《汉书·西域使》记载："都善国（今新疆都善地区）有驴马，多崇驼；乌孙国（今新疆西部）有驴无牛。"这一记述进而证实了上述史实。

中国疆域辽阔，养驴历史悠久。驴可分大、中、小三型，中国五大优良驴种分别是关中驴、德州驴、广灵驴、泌阳驴和新疆驴，大型驴有关中驴、德州驴，这两种驴体高130厘米以上；中型驴有泌阳驴，这种驴高在110—130厘米之间；小型俗称毛驴，以华北、甘肃、新疆，云南等地居多，这些地区的驴体高在85～110厘米之间。

驴的形象似马，多为灰褐色，不威武雄壮，它的头大，且耳朵长，胸部稍窄，四肢瘦弱，躯干较短，因而体高和身长大体相等，呈正方型。颈项皮薄，蹄小坚实，体质健壮，抵抗能力很强。驴很结实，耐粗放，不易生病，并有性情温驯，刻苦耐劳、听从使役等优点。

驴可耕作和乘骑使用。每天耕作6～7小时，可耕地2.5～3亩。拉载重量达250～350千克，日行30～50千米，是农村特别是山区、半山区、丘陵地区短途运输、驮货、耕田、磨米面的好帮手。

骡子是一种动物，有雌雄之分，基本上是没有生育的能力，偶尔也有特例，它是马和驴交配产下的后代，分为驴骡和马骡。公驴可以和母马交配，生下的叫"马骡"，如果是公马和母驴交配，生下的叫"驴骡"。

骡　子

马骡个大，具有驴的负重能力和抵抗能力，又有马的灵活性和奔跑能力，尤其是在偏远乡村农田里面使唤马骡太多了，因为马骡要比马省草料，而且力气也比马大，是一种省吃能干的役畜，但它的弱点是奔跑没有马快，不适合奔跑，也不能生育。

驴骡个头小，一般不如马骡力量大，用起来方便，但不同马骡的是它有时能生育。

公驴和母马的基因更容易结合，所以大部分骡（马骡）都是这样杂交的。不过基因结合的几率还是很小：有的驴用了 6 年时间才成功地交配并使马怀孕。公骡子和大部分母骡子生出来即没有生殖能力。没有生殖能力是因为染色体不成对（63 个），生殖细胞无法进行正常的分裂。

骡子的寿命较长，一般可活到 35 岁左右，如饲养管理良好，可达 50 岁，使役可达 20 年。

青铜器时代

青铜器时代，是指主要以青铜为材料制造工具、用具、武器的人类物质文化发展阶段，处于新石器时代和铁器时代之间，是继金石并用时代之后的又一个历史时期。青铜出现后，对提高社会生产力起了划时代的作用。

约在公元前 2000 年左右，中国进入青铜器时代，经夏、商、西周、春秋、战国，大约发展了 15 个世纪。青铜是红铜和锡或铅的合金，熔点在 700℃～900℃之间，具有优良的铸造性，很高的抗磨性和较好的化学稳定性。铸造青铜器必须解决采矿、熔炼、制模、翻范、铜锡铅合金成分的比例配制、熔炉和坩埚的制造等一系列技术问题。从使用石器到铸造青铜器是人类技术发展史上的飞跃，是社会变革和进步的巨大动力。青铜器时代的文化在世界各地发展不平衡。

貘及其传说

貘与马和犀牛是近亲，貘科是现存最原始的奇蹄目。貘科现存仅貘属的 4 个种，分别分布于东南亚和拉丁美洲两地。貘生性胆怯，嗅觉和听觉发达。不伤人，无自卫能力，遇敌即逃逸或跑到水中。平时独居，喜栖于热带山地丛林、沼泽地带。夜间行动时发出特殊的尖哨声或喷鼻声。以水生植物，各种嫩枝、嫩叶和果实为食。

在中国和日本传说里，梦貘是一种奇幻生物。传说中，它们以梦为食，吞噬梦境，也可以使被吞噬的梦境重现。它被描述为在每一个天空被洒满朦胧月色的夜晚，它从幽深的森林里出来，来到人们居住的地方，吸食人们的梦。在夜色中，它会发出轻轻的像是摇篮曲一样的叫声。于是人们在这样的声音相伴下越睡越沉，貘便把人们的梦慢慢地，一个接着一个地吃掉。

犀　牛

犀牛是奇蹄目动物，也是仅次于大象体形的陆地动物。主要分布于非洲和东南亚温暖地区。所有的犀类基本上是腿短、体粗壮。它们体肥笨拙，体长2.2～4.5米，肩高1.2～2米；体重2 800～3 000千克，皮厚粗糙，并于肩腰等处成褶皱排列；毛被稀少而硬，甚或大部无毛；耳呈卵圆形，头大而长，颈短粗，长唇延长伸出；头部鼻子上有实心的独角或双角起源于真皮，部分种类雌性无角。犀牛角是它最厉害的武器，角长一般为60～100厘米，其中白犀的角最长可达158厘米。角脱落仍能复生，在死亡之后，犀牛角也会随之消失；无犬齿；尾细短，身体呈黄褐、褐、黑或灰色。犀牛利用声音来交流。它们用鼻子哼、咆哮、怒号，打架时还会发出呼噜声和尖叫声。公犀牛和母犀牛在求偶时都会吹口哨。犀牛眼睛很小而且近视，但却有犀利的听觉和嗅觉。

犀　牛

犀牛都是草食动物。尽管白犀牛和黑犀牛都以非洲大草原的牧草为食，但它们的饮食方法却大相径庭。白犀牛的上唇很宽，可以吃矮小的草；而黑犀牛的唇比较突出，能采集嫩枝再用前臼齿咬断。正是由于这两种犀牛的饮食方法有区别，它们才可以共同生活在非洲大草原上。

犀牛胆小，爱睡觉，喜群居，小牛犊十分依恋母亲。一般来说，它们宁愿躲避而不愿战斗。不过它们受伤或陷入困境时却异常凶猛，往往盲目地冲向敌人。

印度犀牛除了以草为主食，还吃一些水果、树叶、树枝和稻米。爪哇犀牛吃小树苗、矮灌木和水果。苏门答腊犀牛主要在晚间进食，它们吃藤条、嫩枝和水果。

犀牛的皮肤坚硬，皮下脂肪发达，由于松弛，褶皱中的皮肤十分娇嫩，有很多寄生虫。犀牛要常在泥水中打滚抹泥，以赶走它们。有趣的是，有一种犀牛鸟经常停在犀牛背上为它清除寄生虫。若是发现什么特殊情况，犀牛鸟会骤然起飞，大声啼叫，似乎在向犀牛报警。

非洲犀牛中体形最大的是白犀牛。白犀牛并不是白色，而是跟黑犀牛的颜色一样，是南非白人词语错译造成的。雄性白犀牛可以长达 5 米，重达 3 500 千克。相比较而言，黑犀牛的体形要小很多。白犀牛喜欢群居，但是其他种类的犀牛都是单独活动的，除了交配季节或母犀牛伴幼犀牛。在亚洲犀牛中，印度犀牛最大，可以达到 4 000 千克，而唯一有毛的苏门答腊犀牛最小。

白犀牛和黑犀牛都生活在非洲的大草原。黑犀牛过去生活在撒哈拉沙漠南部的非洲地区。如今它们却分散在非洲中部，南部和东南部。白犀牛主要生存在南部非洲，只有一小部分在非洲中部和东部。

而爪哇犀牛则以茂密的东南亚热带雨林为家。它们过去生活在从中国西南到孟加拉再到印尼的大片地区，如今只能在越南和印尼的爪哇岛发现它们的踪迹。而苏门答腊犀牛也只剩下小部分生活在马来西亚半岛和印尼的苏门答腊。印度犀牛则生活在印度和尼泊尔的保护区，而独角犀牛生存在沼泽丛林。

爪哇犀、苏门答腊犀和大独角犀这 3 种亚洲犀牛，数量都已经少得可怜。爪哇犀实际上已经灭绝，体型娇小的苏门答腊犀生存状况则不得而知。唯有大独角犀境况最好，据称现在还有大约 1 000 多头：800 头在印度的阿萨姆邦，大约 250 头在奇塔万。而大独角犀仍然被排在世界濒危动物的名册当中。

大独角犀是一种外貌极为奇特的动物。这种亚洲犀牛比非洲的黑、白种犀牛更加接近于原始犀牛，从进化的角度来看，亚洲犀牛也许可以称为典型的早期动物。大独角犀与它们的非洲亲戚们相比，演唱的才能要强得多，它们可以发出 10 种不同的声音。

犀牛近距离奔跑的速度每小时可以达到 40 千米，更能在很小的空间急速转弯。

大独角犀的游泳技艺超群。它们是食草动物，从水草到树叶无所不吃。犀牛们在清晨、傍晚和夜间最为活跃，每天14个小时进食，它们造访附近的农田，毁坏作物。但这里的农民从不报复它们。虽然犀牛角在市场上卖到1 000英镑/千克，但产地却少有偷猎事件发生。

犀牛4岁成熟，母犀牛每3~4年生1只小犀牛，每胎产1只，一生也只能生5~6胎，因此繁育稀少，其寿命可长达50年以上。大独角犀的怀孕期长达16~18个半月，小犀牛重达45千克，吃奶期为两年，它们要在母亲的身边生活4年左右。

奇蹄目

奇蹄目是哺乳动物下的一个目。包括有奇数脚趾的动物。原始奇蹄动物的脚趾是前四后三。奇蹄目成员胃简单，不具备偶蹄目部分成员那样多的胃室，但盲肠大且呈囊状，可协助消化植物纤维。

奇蹄目的现生马类栖居草原和荒漠，活动于多山地带或高原的开阔地区，有的耐干热，有的耐干寒；貘类多栖息在热带丛林及水源充足的沼泽地区；现代犀类多栖息于闷热而潮湿的森林、丛林或芦苇丛中。现存马类主要分布于亚洲和非洲，在亚洲可达北纬50多度，计有2属8种。貘类见于亚洲南部和美洲，现生者仅1属4种。犀类现在仅分布在亚洲和非洲，计4属5种。

延伸阅读

"水中除草机"海牛

海牛是大型水栖草食性哺乳动物，可以在淡水或海水中生活。外形呈纺锤形，颇似小鲸。野生的海牛多半栖息在浅海，从不到深海去，更不到岸上来，每当海牛离开水以后，它们就像胆小的孩子那样，不停地哭泣，"眼泪"不断地往下流。但是它们流出的并非泪水，而是用来保护眼珠，含有盐分的液体。

海牛是海洋中唯一的草食哺乳动物，海牛的食量很大，每天能吃水草相当体重的 5% ~ 10%。它吃草像卷地毯一般，一片一片地吃过去，誉有"水中除草机"之称。这在水草成灾的热带和亚热带某些地区，是很有用的。在那些地方，水草阻碍水电站发电，堵塞河道和水渠，妨碍航行，还给人类带来丝虫病、脑炎和血吸虫病等。

中国引进水葫芦作为观赏使用，但后来发现能做猪饲料，就大面积种植，结果导致了水葫芦的疯长，后来人们让海牛去吃水葫芦，不久便控制住了其疯长。

然而，如今海牛的肉、皮和脂肪均可利用，因滥捕而数量锐减，濒临灭绝。

野 猪

野猪又称山猪，猪属动物。它们广泛分布在世界上，不过由于人类猎杀与生存环境空间急剧减缩等因素，数量已急剧减少，已经被许多国家列为濒危物种。

野猪是一种普通的，但又使人捉摸不透的动物，白天通常不出来走动。一般早晨和黄昏时分活动觅食，中午时分进入密林中躲避阳光。大多集群活动，4 ~ 10 头一群是较为常见的。野猪喜欢在泥水中洗浴，雄兽还要花好多时间在树桩、岩石和坚硬的河岸上，摩擦它的身体两侧，这样就把皮肤磨成了坚硬的保护层，可以避免在发情期的搏斗中受到重伤。野猪身上的鬃毛具有像毛衣那样的保暖性，到了夏天，它们就把一部分鬃毛脱掉以降温。活动范围一般8 ~ 12 平方千米，大多数时间在熟知的地段活动。会在领地中央的固定地点排泄，粪便的高度可达 1.1 米。每群的领地大约 10 平方千米，在与其他群体发生冲突时，公猪负责守卫群体。公猪打斗时，互相从 20 ~ 30 米远的距离开始突袭，胜利者用打磨牙齿来庆祝，并排尿来划分领地。失败者翘起尾巴逃走。也有的造成头骨骨折或被杀死。常通过哼哼的叫声来进行远近距离的交流，栖息地每平方千米有多达 7 ~ 30 种动物。

野猪的食物很杂，只要能吃的东西都吃。野猪冬天喜欢居住在向阳山坡的栎树林中，因为阳坡温暖，而且栎林落叶层下有大量橡果，野猪要靠它度过寒冬。一旦橡果绝收，第二年春天就会有大量野猪饿死，这也是野猪自然淘汰的规律。夏季，野猪喜欢居住在离水源近的地方，特别是亚高山草甸，山高气温低，又有天然水池，野猪便经常在这里取食，在泥水中洗浴。阴坡山杨、白桦林、落叶松林、云杉林也都是野猪夏季经常活动的良好场所。野猪的食物也丰富多了，青草、土壤中的蠕虫都是它的取食对象，有时还偷食鸟卵，特别是松鸡、雉鸡的卵和雏鸟。虽然鸟巢一般都隐蔽得很好，但野猪的嗅觉很灵，能嗅到巢的位置。通常孵卵的雌鸟都会很快飞出，希望能把野猪从巢的旁边引开，但知道一窝鸟卵就在附近的野猪还是继续寻找鸟巢，直到发现为止。野猪不仅善于捕食兔、老鼠等，还能捕食蝎子和蛇，虽然科学家就野猪是否对毒素有免疫力还没有一致的意见，但是野猪看起来没有遭受因为吃这些危险食品而引起的痛苦。

野猪的鼻子十分坚韧有力，可以用来挖掘洞穴或推动 40～50 千克的重物，或当作武器。野猪的嗅觉特别灵敏，它们可以用鼻子分辨食物的成熟程度，甚至可以搜寻出埋于厚度达 2 米的积雪之下的一颗核桃。雄猪还能凭嗅觉来确定雌猪所在的位置。野猪自幼奔跑于森林之中，练就了一身好体力。在猎犬的追逐下，它可以连续奔跑 15～20 千米，这种超凡的体力连马拉松选手也要自愧不如。野猪在吃和睡上要花许多时间，有的野猪唯恐被天敌发现，常常聚集在一起的地方是河边、湖边和池塘边，往往在河川中的沙洲睡觉，这样遇到危险时就立即渡河而去，不会留下任何气味，可以确保安全。

野猪是"一夫多妻"制。发情期雄猪之间要发生一番争斗，胜者自然占据统治地位。雌猪通常在将要分娩的几天前就开始寻找合适的位置做"产房"。"产房"的位置一般选在隐蔽处，它叼来树枝和软草，铺垫成一个松软舒适的"产床"，以便为即将出生的"儿女们"遮风挡雨。幼仔刚出生的时候就有 4 个长牙，两个星期后便能够咬吃东西。雌猪在前面开路，幼仔紧跟在它的后面，在雌猪挖成的沟里寻找食物。在幼仔尚小的时候，雌猪单独照顾幼仔猪。这时的雌猪攻击性很强，甚至连雄猪也害怕它。幼仔生长几个星期以后，雌猪的脾气才有所改变。雌猪十分爱惜它们的"儿女们"，对它们照顾的很细心，总是很小心地照看幼仔，仔细为它们准备睡觉的地方，以避免风吹雨打，更重要的是把它们藏起来不让食肉动物发现。

有趣的是，家猪与野猪也常常"结合"。在深山密林中，山民们饲养的母猪到了发情期，有时很难找到配偶，于是便"私奔"到林内，与野公猪"自由恋爱，私定终身"。"蜜月"度过之后，野公猪便把"新娘"送出森林，分手时还长时间驻足林缘，昂首翘望，依依不舍。4 个月过后，爱情的结晶便降生了，小猪崽也是花色的，有黄色条纹，有的黄白相间，有的黄黑相间，既不同于纯种的野猪崽，又与家养猪有所区别。小猪长得既快又壮，为瘦肉型猪，营养价值很高，这无疑又给人们带来了野猪开发的思路。

野猪肚即猪胃，据《本草纲目》记载，味甘，性微温，有治胃炎、健胃补虚的功效。毛硬皮厚的野猪食性很杂，竹笋草药鸟蛋蘑菇，野兔山鼠毒蛇蜈蚣，只要能吃的东西都要下肚。虽然现在科学家对野猪是否对毒素具有免疫力还没有一致的定论，但从野猪没有因为吃有毒食物而死亡的情形来看，野猪的胃可以说百毒不侵。据说野猪在吞食毒蛇后，毒蛇的毒牙将咬住野猪肚内壁，而在长期各种中草药浸泡下的野猪肚，自有一套疗毒愈合伤口的高招，会在伤口基底生出肉芽组织，进而形成纤维组织和瘢痕组织，在胃表面胃黏膜上留下一个"疗"，"疗"越多，其药用价值就越高。而现代医学实验也表明，野猪肚含有大量人体必需的氨基酸、维生素和微量元素，可助消化，促进新陈代谢，特别对胃出血、胃炎、胃溃疡、肠溃疡等有一定的疗效。

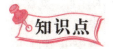

知识点

《本草纲目》

《本草纲目》是由明代伟大的医药学家李时珍（1518—1593）为修改古代医书中的错误而编，他以毕生精力，亲历实践，广收博采，对本草学进行了全面的整理总结，历时29年编成，30余年心血的结晶。共有52卷，载有药物1 892种，其中载有新药374种，收集药方11 096个，书中还绘制了1 160幅精美的插图，约190万字，分为16部、60类。这种分类法，已经过渡到按自然演化的系统来进行了。内容广泛涉及医学，药物学，生物学，矿物学，化学，环境与生物，遗传与变异等诸多科学领域。它在化学史上，较早地记载了纯金属、金属、金属氯化物、硫化物等一系列的化学反应。同时又记载了蒸馏、结晶、升华、沉淀、干燥等现代化学中应用的一些操作方法。《本草纲目》不仅是我国一部药物学巨著，也不愧是我国古代的百科全书。

延伸阅读

京剧《野猪林》

京剧《野猪林》的故事取材于我国古典文学名著《水浒传》，最早把这个故事搬上京剧舞台的是武生宗师杨小楼。他与溥绪（清逸居士）共同编创了京剧《山神庙》，后改为《野猪林》，由杨小楼扮演林冲，花脸郝派创始人郝寿臣扮演鲁智深，上演后享誉剧坛。20世纪40年代末，李少春对这出戏重新加以整理改编，与郝派传人袁世海、梅派传人杜近芳等在上海天蟾舞台合作演出，引起轰动。后来李少春又对该剧进行了多次修改，使该剧日臻完善，成为中国京剧舞台优秀剧目之一。

其剧情是：宋太尉高俅子游庙时，见林冲妻张氏貌美，使林友陆谦约林外出饮酒，暗诓张氏到家。使女锦儿奔告林冲，林赶至，高逃去。陆谦又献计高俅，假卖宝刀给林冲，再使林持刀入白虎堂。高俅出，诬林冲行刺，发配沧州。陆又买通解差董超、薛霸在途中加害。林冲在大相国寺新结识的鲁智深，唯恐途中有失，暗地跟踪，至野猪林，解差正欲谋害林冲时，鲁救林冲脱险。林冲到了沧州，陆谦又夜烧草料场加害林。正巧，林冲在山神庙避雪，不在草料场，杀陆谦报仇后上了梁山。

野　牛

野牛体形巨大，两角粗大而尖锐呈弧形，头额上部有一块白色的斑。野牛栖息于热带、亚热带的山地阔叶林、针阔混交林、林缘草坡、竹林或稀树草原。结小群在森林中活动，通常每群10余头。一般在晨昏活动，也有的在夜间活动，白天则在阴凉处休息。嗅觉和听觉极为灵敏，性情凶猛，遇见敌害时毫不畏惧。

发现有人接近，会迅速逃走。只有在被人射杀受伤或被逼走投无路时，才会变得凶狠，对人进行攻击。以啃食各种草、树叶、嫩枝、树皮、竹叶、竹笋等为食。

非洲野牛也称非洲水牛是非洲最成功的食植动物。水牛可居住在最高山脉海拔地区，喜欢栖息在被植物密集覆盖的地方，如芦苇和灌木丛。也被发现在开放的林地和草地生活。每年都传出非洲野牛伤人的消息。非洲水牛每年杀死的人数要比其他任何动物杀死的都多。除了人类以外，非洲野牛一般没有天敌。狮子会定期吃野牛，但它通常需要多头狮子推翻一个成年野牛，只有成年雄性狮子才可以独自猎杀水牛。除了狮子外，尼罗河鳄鱼也会攻击年老和年幼的野牛。另外，豹、鬣狗也是一种威胁，不止有新生犊牛被猎杀，发现已记录鬣狗杀死公牛的纪录正在全面增长之际。大多数牛 2～5 岁时性成熟，每年9—12 月发情交配，此时公牛变得异常凶猛，争偶行为十分激烈，难免发生格斗。在格斗中，双方以坚硬的角作为武器，互相剧烈撞击，并发出大声吼叫，其声音可以传到 1 千米以外。母牛孕期一般为 9 个月左右，每胎一仔，幼仔出生半个月后便可随群体活动，第二年夏季才断奶。牛的寿命约为 15～30 年。

欧洲野牛分两种，一种是高加索野牛，现在已经全部灭绝了；一种是波兰野牛，现在只有人工饲养繁殖的，野生的也已经灭绝了。高加索野牛体型巨大，包括尾巴在内全长 3.6 米，高 2 米，体重超过 1 吨。它生活在高加索的山上，十分擅长攀登陡峭的山崖。它的后腿既长又强健，头部长着美丽的犄角，它的毛比别的野牛毛要短，但毛色要明亮一些。高加索野牛以俄罗斯森林中的草、羊齿叶、树皮、野果等为食，同北美洲野牛一样结群一起迁移，不同的是，高加索野牛常常是 10 头左右，以家庭为单位分散在森林里。它夏天产崽，但是一两年才能够产一头小野牛，出生率较低。从中世纪起，人类开始开垦森林，大量捕杀高加索野牛，致使高加索野牛数量锐减。到了 1820 年，高加索野牛只剩下 300 头了，它们孤独地生活在一片森林里。在第一次世界大战之前，高加索野牛被看做是宫廷的宠物、帝国的象征而备受保护。1914 年，苏维埃革命爆发，这些野牛失去了皇家的保护，成为仇杀的对象。大革命后，只剩下一头叫"考卡萨斯"的高加索雄性野牛，当时它属于德国动物商卡尔·哈根贝格。1925 年 2 月 26 日，这头孤独的公牛死于汉堡，从而宣布了高加索野牛的覆灭。

美洲野牛是美洲的特产野生动物，由于它身披长毛，所以又被称为美洲毛牛。美洲野牛体长 3～4 米，体重达 1 000 千克，是北美洲最为凶悍的动物，它头顶锋利双角，即使面对最富攻击性的捕食动物，也毫不退缩。虽然它身躯笨重，但奔跑时速度却很快，时速可达 48 千米。美洲野牛的活动范围十分广阔，从阿拉斯加沿加拿大经美国，直至墨西哥边境，都有美洲野牛分布。欧洲人到达美洲以前，这里生存着大群的野牛，多达 6 000 万头，最大的牛群可宽达 40 千米，长达 80 千米，牛群庞大的场面恢宏壮观。有一篇文章记述当时有两名美国军官，从东部骑马前往西部，途中遇到一群野牛，他们守候了 3 天 3 夜，整个牛群才完全通过。可见当时野牛之多，到了难以计数的地步。可是自从白种人移民美洲，尤其是在美国西部大肆扩张以后，草原上的野牛，就成为他们狩猎的目标。许多人射杀野牛，仅仅是为了好玩，打死的野牛，成堆弃于荒野，任凭腐烂。到 1889 年，美洲野牛只剩下 500 余头，到 1903 年则只剩下 21 头，绝种的命运已经降临。好在美国政府及时醒悟，把野牛置于国家保护之下，使其得到繁衍生息。现在，在北美一些国家公园中大约生存着 3 万头美洲野牛。

美洲野牛

印度野牛产于亚洲南部和东南部一带，在我国分布于云南南部。它以体躯巨大而著称，是现生牛类中体型最大的一种。雄性体长为 2.5 ~ 3.3 米，体重 650 ~ 1 000 千克，雌性比雄性小。印度野牛的头部和耳朵都很大，眼睛内的瞳孔为褐色，但透过反光，常呈现出蓝绿色。鼻子和嘴唇呈灰白色。额顶突出隆起，肩部隆起向后延伸至背脊的中部，再逐渐下降。雄牛和雌牛均有角，但雌牛的角较小。体毛短而厚，毛色随着年龄和性别的不同而有差异，成年雄牛近于黑色，雌牛呈乌褐色，幼崽则是淡褐色或赤褐色。尾巴很长，末端有一束长毛。印度野牛有一个非常明显的特征，即它的四肢下半截都是白色的，就像是穿了白色的长筒袜似的，所以被叫做白肢野牛，在产地更是被形象地称为"白袜子"。印度野牛主要栖息在热带、亚热带的山地森林和草原中，活动范围较广，过着游荡的生活，没有固定的住所。它以野草、嫩芽、嫩叶等为食，特别喜食嫩竹和笋，也常常舔食盐碱，通常在早晨和黄昏时活动觅食，白天则躲在密林深处进行反刍和休息。印度野牛喜欢群居，但群体不大，每群 20 ~ 30 多头不等，以雌兽、幼崽组成，其中有一头体型较大的雌牛为首领。印度野牛虽然躯体十分笨重，但在受惊逃跑时却非常迅速。成年雄牛在一年的大部分时间里是独自栖息，或仅有 2 ~ 3 头在一起同栖，仅在发情期回到群体中生活，交配之后再离开。它的听觉和嗅觉都非常灵敏，在密林之外迎着风也能闻到 350 米以外的气味。在自然界中，它的天敌只有凶猛的孟加拉虎，但它也不敢招惹体大力强的成年印度野牛，而只能伺机袭击幼崽。

爪哇野牛产于亚洲的缅甸、马来西亚、泰国以及印尼的爪哇、加里曼丹、巴厘等地。爪哇野牛全长约 2 米，肩高 1.5 米，体色与印度野牛很相似，因此也有人叫它"白袜子野牛"。但它与印度野牛的最大区别是有一块白色臀斑，因此很容易辨别它们。爪哇野牛以青草及嫩竹等植物为食，非常耐渴，能很长时间不喝水。它们喜欢生活在树林中，常成群结队一起生活，一般每群 10～30 只。但也常有个别单独生活的雄牛，它是被群体赶出来的。爪哇野牛白天在密林深处休息、睡觉，夜间活动，一边游荡一边觅食。休息时它们总是卧成一个圆圈，由一头成年母牛站立着担负警戒任务。一遇危险，它便使劲地跺一下脚，牛群于是迅速奔跑起来逃避危险。爪哇野牛性情胆小怯懦，从不主动攻击人，也很少到山下侵害庄稼。一般在旱季交配，每年 8—10 月间产崽，每胎只产 1 崽。

天下牦牛多为黑色和杂色，而在甘肃天祝，却生活着一种罕见的全身都为白色的白牦牛。它身体高大，毛长且密，自古以来是藏族农牧民的主要工具。作为生产畜力使役，比其他耕畜更能吃苦耐劳，即使整日不停歇地干活，也毫无疲倦之意。牦牛经过长期驯化锻炼，具有相当强的抗寒本领和耐饥能力。在海拔3 000 多米、气温降至零下 30 多摄氏度的高寒冰山雪原上，它驮

白牦牛

着 100 多千克重的货物，可以连续跋涉近 30 天，一路上履冰卧雪，风餐露宿，即使雪霜盖身，冰凌结体，依然泰然自若，精神抖擞，昂首阔步，因而被誉为"雪域之舟"。它对主人很忠诚，当主人乘骑它的时候，它行走得平平稳稳；遇到严寒袭击，它就让主人偎倚到它那毛茸茸的腹下，取暖御寒。白牦牛是世界珍贵的畜种，享有"草原白珍珠"和"祁连雪牡丹"的美称，其肉、乳、皮、毛、绒、尾、骨系列产品都在国际市场上走俏，拥有广阔的市场前景，白

牦牛因此被牧民群众誉为"神牛"。"天下白牦牛,唯独天祝有",白牦牛成为天祝高原奉献给人类的一件稀世珍宝。

爪哇岛

位于烟波浩渺的印度洋和太平洋之间的印度尼西亚,是一个由18 108个大小岛屿组成的"万岛之国",爪哇岛就是这万岛之中的第四大岛。四面环海的爪哇岛,属热带雨林气候,没有寒暑季节的更迭,年平均气温为25℃~27℃,雨量充沛。得天独厚的自然条件使岛上热带植物丛生密布,草木终年常青,咖啡、茶叶、烟叶、橡胶、甘蔗、椰子等物产丰富。爪哇岛上河流纵横,风光旖旎,每年都吸引大批来自世界各地的游客前往观光旅游。爪哇岛上有100多座火山,其中默拉皮火山海拔2 968米,是印尼众多活火山中最为活跃的一座。爪哇岛是印尼经济、政治和文化最发达的地区,拥有全国约2.2亿人口中的一半。一些重要的城市和名胜古迹都坐落在这个岛上。印尼首都雅加达是东南亚第一大城市,位于西爪哇北海岸,人口830多万。万隆位于爪哇岛西部海拔700多米的万隆盆地中,是印尼西爪哇省首府,这里四面群山环绕,植物繁茂,环境优美。印尼的古都日惹是中爪哇的中心城市,世界闻名的婆罗浮屠古迹就位于日惹城北部。

阿尔塔米拉洞窟壁画

1879年的夏天,西班牙考古学者桑图拉发现了阿尔塔米拉洞窟。它是保存着史前绘画的一个最著名的洞窟,又是西班牙北部海岸地区史前艺术的荟萃之地。《野牛》是整个洞窟中保存最好的形象之一。这些野牛的形象都分布在洞窟的顶部,而且在深达300多米的大洞穴中,没有照明根本无法观察。绘制这些野牛用的颜料是用动物的脂肪和血调和的;色彩为赭色略泛红,在靠近轮廓线部位用黑色擦出立体感,轮廓线用的线刻又浅又淡,很有表现力,令观者不得不惊叹于原始艺术所焕发出的这种隽永的魅力和美感。但阿尔塔米拉洞窟内发现的大量洞顶壁画，不是纯娱乐性的，据考证，这是一种为了狩猎生存所需的巫术活动。虽然原始人类制作此类形象不一定是以欣赏为目的的，但也不能忽视体现在制作过程中的那种审美意识，他们在排列动物时，局部地方的巧妙构思，都反映出他们主观的审美意图。

 # 羊

羊，是牛科分布最广，成员最复杂的一个亚科，成员之间体形和习性相差较大，可以分成几个不同的族，其分法有一定的争议。羊亚科成员多生活于高原山地，其分布中心是亚洲腹地。牛科除了牛亚科的牛族统称为牛，羊亚科的羊族统称为羊外，其他多统称为羚羊。

高鼻羚羊族分布在亚洲，仅2属2种，为高鼻羚羊和藏羚。羊羚族分布较散。臆羚属分布于欧洲，斑羚属（也叫髭羚属）分布于亚洲，雪羊属分布于美洲。羊牛族分布较散。麝牛属分布于亚、欧、美的北部，是分布最北的羊亚科动物。羚牛属分布于亚洲。羊族遍布世界各地的高山地带。包括绵羊、盘羊、赤羊、岩羊、山羊等。

波尔山羊是一个优秀的肉用山羊品种。该品种原产于南非，作为种用，已被非洲许多国家以及新西兰、澳大利亚、德国、美国、加拿大等国引进。自1995年我国首批从德国引进波尔山羊以来，许多地区包括江苏、山东、陕西等地也先后引进了一些波尔山羊，并通过纯繁扩群逐步向周边地区和全国各地扩展，显示出很好的肉用特征、广泛的适应性、较高的经济价值和显著的杂交优势。波尔山羊毛色为白色，头颈为红褐色，并在颈部存有一条红色毛带。波尔山羊耳宽下垂，被毛短而稀。腿短，四肢强健，后躯丰满，肌肉多。性成熟早，四季发情。繁殖力强，一般两年可产三胎。羔羊生长发育快，有良好的生长率和高产肉能力，采食力强，是目前世界上最受欢迎的肉用山羊品种。

中国的国宝小尾寒羊是我国绵羊品种中最优秀的品种。被国内外养羊专家评为"万能型"，誉为"中华国宝"。其低廉的价格，丰厚的回报，多年以来，一直是中央扶贫工程科技兴农的首选项目。小尾寒羊属于肉裘兼用型的地方优良品种。性成熟早，四季发情，多胎高产，一年两产或三年五产，每胎3～5羔，多的可达8只；生长快，个体高大，周岁公羊1米以上，体重达180千克以上，周岁母羊身高 80 厘米以上，体重 120 千克以上，适应性强，耐粗饲，好饲养；放养，圈养都适应；免疫能力特强。饲养一只适产母羊年获利 1 000 元以上，产区群众深有体会地说："养好一只小尾寒羊，胜种一亩粮。"在世界羊业品种中小尾寒羊产量高、个头大、效益佳，被国家定为名畜良种，它吃的是青草和秸秆，献给人类的是"美味"和"美丽"，送给养殖户的是"金子"和"银子"。它既是农户脱贫致富奔小康的最佳项目之一，又是政府扶贫工作的最稳妥工程，也是国家封山退耕、种草养羊、建设生态农业的重要举措。

小尾寒羊

萨能奶山羊原产于瑞士，是奶山羊品种的代表，分布最广，除气候十分炎热或非常寒冷的地区外，世界各国几乎都有，现在半数以上的奶山羊品种都有它的血缘。它具有典型的乳用家畜体形特征，后躯发达。被毛白色，偶有毛尖呈淡黄色，外形特点有四长：即头长、颈长、躯干长、四肢长，后躯发达，乳房发育良好。公、母羊均有须，大多无角。

白山羊全身都是宝，其肉味美，蛋白质含量丰富，脂肪和胆固醇含量低，是人类重要的肉食品之一；山羊奶的脂肪含量比牛奶低，容易消化吸收。因此，山羊肉、奶是人类尤其是中老年人、儿童和高血压、心脏病患者的理想食品，古人将其列为珍贵补品。山羊皮是高档皮制品的重要原料。

藏羚羊是中国重要珍稀物种之一，主要分布在新疆、青海、西藏的高原上，另有零星个体分布在印度地区。体形与黄羊相似，四肢匀称、强健。尾短小、端尖。通体被毛丰厚绒密，毛形直。藏羚羊善于奔跑，最高时速可达 80 千米，寿命最长 8 年左右。雌藏羚羊生育后代时都要千里迢迢地到可可西里生育。卓乃湖和太阳湖等地水草丰美，天敌少。丰富的食物、相对安全的环境有利于藏羚羊的生产和生长。卓乃湖和太阳湖的水质可能含有某种特殊的物质，有利于藏羚羊母子的存活；而且，藏羚羊集中产羔后，离开产羔地，有可能回到种群不是以前它所在的种群。这样会利于基因之间的交流，增加物种的遗传多样性，从而有助于藏羚羊种群的延续。

盘羊又叫大头羊、大角羊、大头弯羊、亚洲巨野羊等，是体形最大的野生羊类，在我国古代则叫做蟠羊，"盘"与"蟠"两个字读音相同，意思也相近，即弯曲盘旋之意，都是指头上的那一对粗壮的弯角，因为这正是它最为突出的形态特征，与阿拉斯加大驼鹿的角和北美洲落基山区的大马鹿的角同称为世界传统狩猎动物珍品中的三绝。它的体长为130~160厘米，体重100~140千克，最重可达200余千克，雌羊较小。雄羊和雌羊均有角，雄羊的角白头顶长出后，两角略微向外侧后上方延伸，随即再向下方及前方弯转，角尖最后又微微往外上方卷曲，故形成明显螺旋状角形，有的盘曲程度甚至超过360°，角的基部一段特别粗大而稍呈浑圆状，至角尖段则又呈刀片状，角的外侧有明显的环棱，从角的根部至角的尖端长度通常为80~90厘米，也有的达到150厘米以上。雌羊的角较为简单，短小而细，弯度不大，形似镰刀状，长度不超过30~35厘米。

生活在中非和南非的大角斑羚，是所有羚羊中的最大种类。因为它的个子巨大，所以又称大羚羊或非洲旋角大羚羊。这种大羚羊的肩高一般在172~178厘米之间，大的可达182厘米；身体的长度在2.80~3.30米之间；体重一般在600千克，最大的几乎要达到1吨左右，真的比水牛还要高大和粗壮。蹄毛棕色或灰黄

盘 羊

色，肩背部略有细白纹。雌雄的大羚羊都有角，但雌的角较细较长，最长的能达到1米以上；雄的角一般不超过90厘米。大羚羊躯体粗壮，但仍善跳跃，能轻松地跃过1.5米高的围栏。它们虽然感觉敏锐，警惕性高，但行动缓慢，易被追上。它们胆小怯懦，易于驯顺，非洲许多地方试图驯养它们。大羚羊因头部具美丽的花纹和剑状的长角而被人们大量猎取作为装饰品，其皮厚而坚韧可制革，肉亦鲜美可口。

驼羊曾分布在南美的西部和南部，是南美4种骆驼型动物中最有名的一种，早在1 000多年前被驯化，是西半球人驯化成驮兽的唯一一种动物。驼羊的肩高有1.2米，体重70～140千克，它的身上长着优质而浓密的长毛。驼羊喜欢栖息在高海拔的草原和高原上，最高海拔可达5 000米。驼羊喜欢小群生活在一起，一般5～10只。雌羊由一只壮年雄羊带领，群内的雌羊都非常忠于头羊，一旦头羊被敌害所伤，它们并不逃跑，而是聚在头羊身边用鼻子拱它，试图让它站起来一起走。狡猾的人类就是利用它们这一特点，可一次捕杀一群驼羊。驼羊从不到树林和多岩的地方去，主要以草为食。驼羊性情机警，视觉、听觉、嗅觉均很敏锐，奔跑速度也很快，每小时可达55千米，这些为它们在开阔地带生活，逃避敌害起到了至关重要的作用。驼羊的寿命可达20年，驼羊对于当地的印第安人来说可谓全身是宝，几乎100%被印第安人利用。正是这些原因，当地人长期以来一直捕杀驼羊，特别是在16世纪中期西班牙人来到这里后，开始大规模地捕杀驼羊，给驼羊带来了灭绝的厄运。到了16世纪后期，野生驼羊在人类不知不觉的捕杀中全部灭绝了。目前，世界上的驼羊全部是1 000多年前驯化驼羊繁殖的后代。驼羊有着长长的脖颈，美丽的大眼睛和色泽亮丽的毛绒，因其皮毛具有极高的经济价值，而被誉为"安第斯山脉上走动的黄金"。

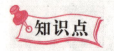

知识点

新西兰

新西兰位于太平洋西南部，是个岛屿国家。新西兰两大岛屿以库克海峡分隔，南岛邻近南极洲，北岛与斐济及汤加相望。面积26.8万平方千米。首都是惠灵顿，最大的城市是奥克兰。新西兰经济蓬勃，属于发达国家。如今新西兰经济成功地从农业为主，转型为具有国际竞争力的工业化自由市场经济。鹿茸、羊肉、奶制品和粗羊毛的出口值皆为世界第一。新西兰气候宜人，环境清新，风景优美，旅游胜地遍布，森林资源丰富，地表景观富于变化，生活水平也相当高，排名联合国人类发展指数第三位。

 延伸阅读

羊 文 化

中国是礼仪之邦，礼仪之"仪（儀）"镶入了"羊"字。在古代，羊不仅是供膳的，羊又是祭祀的祭品，"祥"字的"示"部表示"祭桌"。商周前无论是最隆重的祭祀"大牢"中的三牲，还是不用牛的祭祀"少牢"，都要有羊。

羊天生丽质，是美的化身。"美"字表示古人劳动或喜庆时，头戴羊角载歌载舞之人。

善字里有羊，是善的象征。《诗经》中有一首篇名为"羔羊"的诗，用羔羊比喻品德高尚的卿大夫。

合群是羊的一个重要特性。由此产生"群众"，体现了中华民族注重群体的特征。

羔羊似乎懂得母亲的艰辛与不易，所以吃奶时是跪着的。羔羊的跪乳被人们赋予了"至孝"和"知礼"的意义。

古时"法"字为"灋"。据《说文》解释："平之如水。廌所以触不直者去之，从去。"意思是说，法要像一碗水端平似的，所以从"水"；"廌"是古代中传说的一种独角神羊，即獬豸，其性忠厚，见人斗，则以其角去触那理亏的一方。

被称为"八音之首"的羯鼓，是用羊皮为材料。"五音十二律"是我国早期的音乐系统理论。五音是依据牛、羊、鸡、猪和马"五畜"发出的声音表示五声音阶，其中羊叫的声音为"商"。

 ## 鹿

鹿的种类繁多，共16属约52种，从最大的驼鹿到最小的鼷鹿之间品种丰富。大多数种类普遍具有的特点是：四肢细长、尾巴较短，雄性体型大于雌性。通常雄的有角，有的种类雌雄都有角或都无角。大多数种类毛色深暗，从黑色、棕色、黄色、深红色至淡黄色不等。但驯鹿会出现白色的个体。鹿在全

世界除南极洲、非洲外均有分布。在中国所产的 18 种鹿中，有四五种是中国的特有种。其中除了麋鹿举世闻名之外，还有两种也很著名，就是白唇鹿和毛额黄鹿。另外有几种，虽不是中国的特有种，但确属珍贵稀有，比如海南岛的坡鹿，西藏昌都地区的白鹿，西藏的寿鹿和新疆西部的天山马鹿等。

梅花鹿

梅花鹿是一种中型的鹿类，它的体形匀称，体态优美，毛色随季节的改变而改变，夏季体毛为栗红色，无绒毛，在背脊两旁和体侧下缘镶嵌着有许多排列有序的白色斑点，状似梅花，在阳光下还会发出绚丽的光泽，因而得名。

梅花鹿

梅花鹿生活于森林边缘和山地草原地区，不在茂密的森林或灌丛中，因为不利于快速奔跑。白天和夜间的栖息地有着明显的差异，白天多选择在向阳的山坡，茅草丛较为深密，并与其体色基本相似的地方栖息，夜间则栖息于山坡的中部或中上部，坡向不定，但仍以向阳的山坡为多，栖息的地方茅草则相对低矮稀少，这样可以较早地发现敌害，以便迅速逃离。它的性情机警，行动敏捷，听觉、嗅觉均很发达，视觉稍弱，胆小易惊。由于梅花鹿的四肢细长，蹄窄而尖，故而奔跑迅速，跳跃能力很强，尤其擅长攀登陡坡，连续大跨度地跳跃，轻快敏捷，姿态优美潇洒，能在灌木丛中穿梭自如，或隐或现。

梅花鹿的生活区域还随着季节的变化而改变，春季多在半阴坡，采食栎、板栗、胡枝子、野山楂、地榆等乔木和灌木的嫩枝叶和刚刚萌发的草本植物。夏秋季迁到阴坡的林缘地带，主要采食藤本和草本植物，如葛藤、何首乌、明党参、草莓等，冬季则喜欢在温暖的阳坡，采食成熟的果实、种子以及各种苔藓地衣类植物，间或到山下采食油菜、小麦等农作物，还常到盐碱地舔食盐碱。

梅花鹿的集群性很强，大部分时间结群活动，群体的大小随季节、天敌和人为因素的影响而变化，通常为3～5只，多时可达20多只。在春季和夏季，群体主要是由雌鹿和幼仔所组成，雄鹿多单独活动。每年8—10月开始发情交配，雌鹿发情时发出特有的求偶叫声，大约要持续1个月左右，而雄鹿在求偶时则发出像老绵羊一样的"咩咩"叫声。繁殖期间雄鹿饮食显著减少，性情变得粗暴、凶猛，为了争夺配偶，常常会发生角斗，头上的两只角就成了彼此互相攻击的武器，这种"角斗"在鹿类中是一种非常普遍的现象。

梅花鹿雄鹿的旧角大约在每年4月中旬脱落，再生长出新角。新角质地松脆，还没有骨化，外面蒙着一层棕黄色的天鹅绒状的皮，皮里密布着血管，这就是驰名中外的鹿茸。这时若不采茸，继续长到8月以后，鹿茸就逐渐骨质化了，外面的茸皮逐渐脱落，整个鹿角变得又硬又光滑，一直到翌年春天，鹿角再次自动脱落，重新长出鹿茸。

长颈鹿

长颈鹿是一种生长在非洲的反刍偶蹄动物，是世界上最高的陆生动物。雄性个体高达4.8～5.5米，重达900千克。雌性个体一般要小一些。主要分布在非洲的埃塞俄比亚、苏丹、肯尼亚、坦桑尼亚和赞比亚等国，生活在非洲热带、亚热带广阔的草原上。

长颈鹿通常生一对角，终生不会脱掉，皮肤上的花斑网纹则为一种天然的保护色。长颈鹿喜欢群居，一般10多头生活在一起，有时多到几十头一大群。长颈鹿是胆小善良的动物，每当遇到天敌时，立即逃跑。它能以每小时50千米的速度奔跑。当跑不掉时，它那铁锤似的巨蹄就是很有力的武器。

长颈鹿除了一对大眼睛是监视敌人天生的"瞭望哨"外，还会不停地转动耳朵寻找声源，直到断定平安无事，才继续吃食。长颈鹿喜欢采食大乔木上的树叶，还吃一些含水分的植物嫩叶。它的舌头伸长时可达50厘米以上，取食树叶极为灵巧方便。

长颈鹿的长脖子在物种进化的过程中独树一帜，这样它们在非洲大草原上，就可以吃到其他动物无法吃到的，在较高地方的新鲜嫩树叶与树芽。但长颈鹿和其他动物的脖子椎骨同样只有7块，只是它们的椎骨较长，一块椎骨有两米长。由于它们要时常咀嚼从树上摘下的树叶，这就使得它们的下颚肌肉不停地运动，而脸部因缺少运动而生长缓慢，所以我们可以看到长颈鹿总是一副僵硬的表情。

长颈鹿繁殖期不固定，雄性长颈鹿之间的性活动比较频繁。在爬到雌鹿身上之前常常会搂着对方的脖子不断亲吻。这种亲密的举止可以持续1个小时的时间。每20只雄性长颈鹿中就会有一只被发现正和"伴侣"在耳鬓厮磨。在很多情况下，同性之间的亲密活动比异性间还要普遍。

雌鹿孕期14~15个月，每胎产1只，生下来的幼仔身高1.8米，出生后20分钟即能站立，几天后便能奔驰如飞，3.5~4.5岁性成熟，寿命约30年。

马鹿

马鹿是仅次于驼鹿的大型鹿类，因为体形似骏马而得名。它的夏毛较短，没有绒毛，一般为赤褐色，背面较深，腹面较浅，故有"赤鹿"之称；冬毛厚密，有绒毛，毛色灰棕。臀斑较大，呈褐色、黄赭色或白色。头与颜面部较长，有眶下腺，耳大，呈圆锥形。鼻端裸露，其两侧和唇部为纯褐色。额部和头顶为深褐色，颊部为浅褐色。颈部较长，四肢也长。蹄子很大，侧蹄长而着地。尾巴较短。马鹿的角很大，只有雄鹿才有，而且体重越大的个体，角也越大。雌鹿仅在相应部位有隆起的嵴突。角一般分为6叉，个别可达9~10叉。在基部即生出眉叉，斜向前伸，与主干几乎成直角；主干较长，向后倾斜，第二叉紧靠眉叉，因为距离极短，称为"对门叉"，并以此区别于梅花鹿和白唇鹿的角。第三叉与第二叉的间距较大，以后主干再分出2~3叉。各分叉的基部较扁，主干表面有密布的小突起和少数浅槽纹。

马鹿属于北方森林草原型动物，但由于分布范围较大，栖息环境也极为多样。东北马鹿栖息于海拔不高、范围较大的针阔混交林、林间草地或溪谷沿岸林地；白臀鹿则主要栖于海拔3 500~5 000米的高山灌丛草甸及冷杉林边缘；而在新疆，塔里木马鹿则栖息于罗布泊地区西部有水源的干旱灌丛、胡杨林与疏林草地等环境中。此外，马鹿还随着不同季节和地理条件的不同而经常变换生活环境，但白臀鹿一般不作远距离的水平迁徙，特别在夏季，仅活动于数个"睡窝子"之间的狭小范围，由此常被当地人称为"座山鹿"。在选择生境的各种要素中，隐蔽条件、水源和食物的丰富度是最重要的指标。它特别喜欢灌丛、草地等环境，不仅有利于隐蔽，而且食物条件和隐蔽条件都比较好。但如果食物比较贫乏，也能在荒漠、芦苇草地及农田等生境活动。马鹿在白天活动，特别是黎明前后的活动更为频繁，以乔木、灌木和草本植物为食，种类多达数百种，也常饮矿泉水，在多盐的低湿地上舔食，甚至还吃其中的烂泥。夏天有时也到沼泽和浅水中进行水浴。平时常单独或成小群活动，群体成员包括雌鹿和幼仔，成年雄鹿则离群独居或几只一起结伴活动。马鹿在自然界里的天敌有熊、豹、豺、狼、猞猁等猛兽，但由于马鹿性情机警，奔跑迅速，听觉和嗅觉灵敏，而且体大力强，又有巨角作为武器，所以也能与捕食者进行搏斗。

白唇鹿

白唇鹿也是大型鹿类，与马鹿的体形相似，但比马鹿略小。头部略呈等腰三角形，额部宽平，耳朵长而尖，眶下腺大而深，十分显著，可能与相互间的通讯有关。最为主要的特征是，有一个纯白色的下唇，因白色延续到喉上部和吻的两侧，所以得名，而且还有白鼻鹿、白吻鹿等俗称。

白唇鹿是我国的珍贵特产动物，在产地被视为"神鹿"。它也是一种古老的物种，早在更新世晚期的地层中，就已经发现了它的化石。它曾经广泛地分布于喜马拉雅山的中部一带，由于古地理的影响，第三纪后期、第四纪初期的喜马拉雅造山运动使得以我国青藏高原为中

白唇鹿

心的地面剧烈上升，高原隆起，森林消失，所以白唇鹿的分布范围也向东退缩。

迄今为止，这一珍贵物种在国外仅有 20 世纪 70 年代初由我国赠送给斯里兰卡的 1 对（现在尚有 1 只生存）和 80 年代初赠送给尼泊尔的 1 对。在我国，由于白唇鹿与马鹿在产地上互相重叠，在四川西北部和甘肃祁连山北麓，还曾经发现过白唇鹿与马鹿自然杂交，并产生杂交后代的情况，所以有人常误认为它们属于同一物种，其实它们还是有很大差别的，除了唇部为白色，眶下腺较大外，还有角的形状很不相同。白唇鹿的角的眉叉和次叉相距较远，而且次叉特别长，位置较高，而马鹿角的眉叉与次叉相距很近。

白唇鹿生活在海拔 3 500～5 000 米之间的高山草甸、灌丛和森林地带，是栖息海拔最高的鹿类，那里气候通常十分寒冷，从 11 月至翌年 4 月都有较深

的积雪。它喜欢在林间空地和林缘活动，嗅觉和听觉都非常灵敏。由于蹄子比其他鹿类宽大，适于爬山，有时甚至可以攀登裸岩峭壁，奔跑的时候足关节还发出"喀嚓、喀嚓"的响声，这也可能是相互联系的一种信号。它还善于游泳，能渡过流速湍急的宽阔水面。群体通常仅为 3～5 只，有时也有数十只、甚至 100～200 只的大群。群体可以分为由雌鹿和幼仔组成的雌性群、雄鹿组成的雄性群以及雄鹿和雌鹿组成的混合群等 3 个类型，雄性群中的个体比雌群少，最大的群体也不超过 8 只，混合群不分年龄、性别，主要出现在繁殖期。

水鹿

水鹿在全世界的亚种超过 10 个，在我国有 4 个，海南亚种仅分布于海南，在当地又被叫做"山马"，体型较小，毛色多为栗褐色，而且被毛短而稀。此外，台湾亚种仅分布于台湾，西南亚种分布于云南和广西，分布于其他地区的是四川亚种。

水鹿栖息于海拔 300～3 500 米之间的阔叶林、季雨林、稀树草原、高草地等多种环境里。活动范围较大，没有固定的巢穴，还有沿山坡作垂直迁移的习性。在休息的地方，草被压倒，足迹、粪便特别多。平时昼伏夜出，白天在树林或隐蔽的地方休息，黄昏时分开始觅食、饮水等活动，到天明之前才结束。在月色明朗的夜晚也很少出来，一般在月落后才开始活动，以数百种草本植物和木本植物的嫩叶、嫩芽、鲜果等为食，也喜欢在山泉边饮水，还嗜食盐碱土、盐碱水或烧山后的草灰。它特别喜欢有水的环境，水性极好，可以游过 2～3 千米宽的河流、水库等，有时还在水泉中洗浴，滚上一身泥巴，民间有"虎蹲草山，鹿伴溪泉"的说法，所以得名"水鹿"。平时大多单独或成对活动，只有繁殖期才集群，每群的数量从几只到十多只不等，每个群体中只有 1～2 只雄鹿。群体在高山密林或深草中奔跑时，跑在前面的个体总是将尾巴向上翘起，露出雪白而耀眼腹面，使跑在后面的个体很容易跟随，这样就不会掉队失群了。水鹿性情机警、谨慎，嗅觉、听觉都十分灵敏，常站立不动，竖起耳朵倾听四周的动静，并且用前肢有节奏地轻轻敲打着地面，一旦听到异常声响，或者闻到豹、狼等猛兽的味道便迅速逃走，在树林、草丛中奔跑自如，因此在海南还有"山马精，山马精，听到狗叫翻过岭"的民间歌谣。

雌鹿的怀孕期大约为 6—8 月，于翌年春季生产，每胎产 1 仔，偶尔产 2 仔。初生的幼仔全身布满了美丽的白色花斑，能够在阳光照耀的树丛或草丛中起到保护色的作用。幼仔由雌鹿携带，哺乳期为 2 个月，但白天分开，晚上活动时才到一起。如果幼仔发出鸣叫时，雌鹿也会闻声而至。幼仔出生后第二年开始长出初角，到第三年左右在角座处脱落，再长出新茸，以后大约每年生一次茸角。

麋鹿

麋鹿是一种大型食草动物，雌性头上无角，雄性角的形状特殊，没有眉叉，角干在角基上方分为前后两枝，前枝向上延伸，然后再分为前后两枝，每小枝上再长出一些小叉，后枝平直向后伸展，末端有时也长出一些小叉，最长的角可达 80 厘米。头大，吻部狭长，鼻端裸露部分宽大，眼小，眶下腺显著。四肢粗壮，主蹄宽大、多肉，有很发达的悬蹄，行走时代带有响亮地磕碰声。尾特别长，有绒毛，呈灰黑色，腹面为黄白色，末端为黑褐色。夏季体毛为赤锈色，颈背上有一条黑色的纵纹，腹部和臀部为棕白色。9 月以后体毛被较长而厚的灰色冬毛所取代。因为麋鹿"蹄似牛非牛，头似马非马，尾似驴非驴，角似鹿非鹿"，所以俗称为"四不像"。

麋鹿不仅体形独特，而且身世也极富有传奇色彩——戏剧性的发现，悲剧性的盗运，乱世中的流离，幸运的回归等等，因此成为世界著名的稀有动物之一，在世界动物学史上占有极特殊的一页。

在大型动物当中，麋鹿是唯一的一个找不到野生祖先的物种，它被学术界发现的时候，只有 200～300 只饲养在清朝的北京南海子皇家猎苑里，而关于这个群体的来历，至今尚未搞清。麋鹿起源于距今 200 多万年前的更新世晚期，而以距今 10 000 年的全新世石器时代到距今 3 000 年的商周时期的一段时间最为昌盛发达，但原始麋鹿的角不像现生的麋鹿那样复杂，分叉比较简单。

麋鹿性好合群，善游泳，喜欢以嫩草和其他水生植物为食。求偶发情始于 6 月底，持续 6 周左右，7 月中、下旬达到高潮。雄鹿性情突然变得暴躁，不仅发生阵阵叫声，还以角挑地，射尿，翻滚，将从眶下腺分泌的液体涂抹在树干上。雄鹿之间时常发生对峙、角斗的现象。雌鹿的怀孕期为 270 天左右，是鹿类中怀孕期最长的，一般于翌年 4—5 月产仔。初生的幼仔体重大约为 12 千克，毛色橘红并有白斑，6～8 周后白斑消失，出生 3 个月后，体重将达到 70 千克。2 岁时性成熟，寿命为 20 岁。

知识点

鹿 茸

　　雄鹿的嫩角没有长成硬骨时，带茸毛，含血液，叫做鹿茸。由于原动物不同，分为花鹿茸（黄毛茸）和马鹿茸（青毛茸）两种；由于采收方法不同又分为砍茸与锯茸两种；由于枝叉多少及老嫩不同，又可分为鞍子、二杠、挂角、三岔、花砍茸、莲花等多种。

　　鹿茸中合有磷脂、糖脂、胶脂、激素、脂肪酸、氨基酸、蛋白质及钙、磷、镁、钠等成分，其中氨基酸成分占总成分的一半以上。鹿茸性温而不燥，具有振奋和提高机体功能，对全身虚弱、久病之后的患者，有较好的强身作用。

延伸阅读

中国梅花鹿之乡

　　辽源市东丰县素以"梅花鹿之乡"著称于世，公元 1619 年为盛京围场，光绪初年被御封为"皇家鹿苑"，人工养鹿历史长达 200 多年。1947 年，在东丰县诞生了第一家国营鹿场，第一个梅花鹿良种繁殖基地。东丰县是我国乃至世界人工驯养梅花鹿最早的地方，中国鹿业发展史也从这里写下了光辉的开篇。

　　东丰以其独特的文化底蕴和独特的经济优势，日益吸引着世人的关注。1992 年，爱新觉罗·溥杰先生缅怀当年鹿苑，奋笔书写了"神州鹿苑" 4 个大字题赠东丰，寄托了他对东丰鹿业发展的殷切希望。1995 年，身居海外的张学良将军，追思当年跟随父帅戎马关东、与鹿苑结下不解之缘的历历往事，亲笔题词"中国梅花鹿之乡"，墨宝赠给家乡父老，并附一张亲笔签名的近照托人带回东丰，表达了少帅对祖国、对故乡的深深眷恋和美好祝愿。

　　2004 年，全国春季鹿业研讨暨第三届中韩科技交流会在东丰县隆重召开。会上，中国农学会特色经济专业委员会正式授予东丰县"中国梅花鹿之乡"称号。

麝

麝，又称为麝獐、香獐，麝属中有4个种，包括原麝、林麝、黑麝与喜马拉雅麝。另外马麝是喜马拉雅麝的亚种或同物异名；安徽麝则是林麝的同物异名。雄麝脐香腺囊中的分泌物干燥后形成的香料即为麝香，是一种十分名贵的药材，也是极名贵的香料。

麝形状像鹿而小，后肢明显长于前肢，雌雄头上均无角；四肢趾端的蹄窄而尖，侧蹄特别长；全身褐色，密被波形中空的硬毛，只有头部和四肢被软毛。耳长直立，上部圆形。眼较大，吻端裸露。尾短。通体暗褐色。雄性具有终生生长的上犬齿，呈獠牙状突出口外，作为争斗的武器，雄麝肚脐和生殖器之间的腺体能分泌和贮存麝香，有特殊香气，可制香料，也可入药。

麝栖居于山林。多在拂晓或黄昏后活动，性怯懦，听觉、嗅觉均发达。白昼静卧灌丛下或僻静阴暗处。食量小，吃菊科、蔷薇科植物的嫩枝叶、地衣、苔藓等，特别喜食松或杉树上的松萝。营独居生活，颇警觉。行动敏捷，喜攀登悬崖，常居高以避敌害。喜跳跃，能平地起跳2米的高度。雄麝利用发达的尾腺将分泌物涂抹在树桩、岩石上标记领地。在领地内活动常循一定路线，卧处和便溺均有固定场所。栖息在某一领地的麝不肯轻易离开，即使被迫逃走，也往往重返故地。夏末上高山避暑，每年垂直性迁徙约两个月，然后重返旧巢。一般雌雄分居，营独居生活，而雌麝常与幼麝在一起，以晨昏活动频繁，有相对固定的巡行，觅食路线，通常只在标定的范围内活动。

我国麝类资源丰富，有原麝、马麝、林麝、黑麝和喜马拉雅麝等5种。原麝全身黑褐色，体高55厘米左右，体长85厘米左右，体重8~12千克，全身黑褐色。黑龙江的大小兴安岭、长白山、大别山均有分布，进一步可分为东北原麝和安徽原麝。马麝多生活在海拔2 000~4 000米以上的高山草原或密林中，主要分布在青藏高原。体长85~90厘米，高50~60厘米，是体型最大的品种。眼眶周围有黄色圈，颈部背面有黑色斑块，吻长，耳大直立，善奔跑，体后部毛色较深。林麝主要分布于四川、新疆、西藏、青海、甘肃、贵州。林麝体型小，体长70~80厘米，高50厘米，体重约9千克，是主要养殖种类。林麝前肢短、后肢长，能攀上斜树，其所产麝香为上品。林麝毛色较深，四肢下部前面灰棕色，后部浅褐色，眼下有两条白色或黄白色毛带，直达胸部。幼

JIEXI DONGWU DE XIONGMENG TIANXING

麝背部有斑点，长成后消失。

麝香是雄麝腹部下方生长的香腺和香囊中分泌和贮存的一种外激素或信息化合物。香囊是雄麝的副性征之一，为椭圆形的袋状物，埋于生殖器前的组织深处，香腺处于香囊的前方和两侧，主体部分包绕在香囊的前方，向后侧方逐渐变细，伸向囊的腹面两侧。麝香由香腺部和香囊部的皮脂腺分泌形成，香腺主要是由腺泡细胞和疏松结缔组织组成，高柱状的腺泡细胞游离部脱离腺泡细胞进入腺泡腔，成为麝香的初香液，初香液经导管进入香囊腔后与皮脂腺所分泌的大量皮脂共同形成麝香，并进行熟化和贮存，大约需要两个月的转化过程，才形成粉粒状的"蚂蚁香"和颗粒状的成熟的"挡门子香"。成熟的麝香呈咖啡色，干后为深褐色，其形状多呈粉末状，也有时为籽粒状、皮膜状和油脂状，成分有麝香酮、灰分、水分和胆固醇酯等。雄麝从1岁就开始分泌麝香，3~12岁是麝香分泌最旺盛的时期，其形成和分泌过程是连续性的，但只有每年的5—7月间有4~10天的泌香旺盛期，届时雄麝常发生睾丸及阴囊肿胀下垂，腺囊增大，拒食等生理反应。麝香在生物学上称为外激素，具有浓厚而奇异的香味。这种香味平时是它们彼此相互辨认、增加交往，以及减少同竞争对手遭遇的通讯联系手段，在繁殖期间则具有吸引异性的强烈作用。

麝香作为一种名贵的中药材和高级香料，在我国已经有2 000多年的历史。汉朝的《神农本草经》，明朝的《本草纲目》等诸多本草药典均将麝香列为诸香之冠、药材中的珍品。麝香在香料工业和医药工业中也有着传统的不可替代的价值，是四大动物香料（麝香、灵猫香、河狸香、龙涎香）之一，香味浓厚，浓郁芳馥，经久不散。我国生产的麝香不仅质量居世界之首，产量也占世界的70%以上。然而，由于世世代代都在采用杀麝取香的方法，致使野生麝类资源越来越少，以至于在海拔较低的山地已很少见到麝的踪迹，尤其是北方原麝，已经在新疆、河北等地消失，如果不加以保护，就会有绝灭的危险。

 知识点

《神农本草经》

《神农本草经》是中国现存最早的药物学专著。成书于东汉，"神农"为托名，并非出自一时一人之手，而是秦汉时期众多医学家总结、搜集、整

理当时药物学经验成果的专著，是对中国中草药的第一次系统总结。全书分3卷，载药365种（植物药252种，动物药67种，矿物药46种），分上、中、下三品，文字简练古朴，成为中药理论精髓。其中规定的大部分药物学理论和配伍规则以及提出的"七情合和"原则在几千年的用药实践中发挥了巨大作用，被誉为中药学经典著作。因此很长一段历史时期内，它是医生和药师学习中药学的教科书，也是医学工作者案头必备的工具书之一。

 延伸阅读

麝香的功效

1. 用于闭证神昏。麝香辛温，气极香，走窜之性甚烈，有极强的开窍通闭醒神作用，为醒神回苏之要药，最宜闭证神昏，无论寒闭、热闭，用之皆效。治疗温病热陷心包，痰热蒙蔽心窍，小儿惊风及中风痰厥等热闭神昏；用治中风卒昏，中恶胸腹满痛等寒浊或痰湿阻闭气机，蒙蔽神明之寒闭神昏。

2. 用于疮疡肿毒，咽喉肿痛。本品辛香行散，有良好的活血散结，消肿止痛作用，内服、外用均有良效。用治疮疡肿毒，常与雄黄、乳香、没药同用，即醒消丸，或与牛黄、乳香、没药同用；用治咽喉肿痛，可与牛黄、蟾酥、珍珠等配伍，如六神丸。

3. 用于血瘀经闭，癥瘕，心腹暴痛，跌打损伤，风寒湿痹等证。本品辛香，开通走窜，可行血中之瘀滞，开经络之壅遏，疗效满意；用治痹证疼痛，顽固不愈者。

4. 用于难产，死胎，胞衣不下。本品活血通经，有催生下胎之效。

此外，用人工麝香片口服或用人工麝香气雾剂治疗心绞痛，均取得良好效果；用麝香注射液皮下注射，治疗白癜风，均有显效；用麝香埋藏或麝香注射液治疗肝癌及食道、胃、直肠等消化道肿瘤，可改善症状、增进饮食；对小儿麻痹症的瘫痪，亦有一定疗效。

骆 驼

　　骆驼是偶蹄目骆驼科骆驼属两种大型反刍哺乳动物的统称，分单峰驼和双峰驼。骆驼四肢长，足柔软、宽大，适于在沙上或雪上行走。胸部及膝部有角质垫，跪卧时用以支撑身体。奔跑时表现出一种独特的步态，同侧的前后肢同时移动。具有两排睫毛以保护眼睛，耳孔有毛；鼻孔能闭合，视觉和嗅觉敏锐，这些均有助于适应多风的沙漠和其他不利环境。骆驼原产于北美，约在4 000万年前左右。后来其分布范围扩大到南美和亚洲，而在其产地则消失了。

　　双峰驼原产在亚洲中部土耳其斯坦、中国和蒙古。至少在公元前800多年就被人驯化了。但现在野外仍有野骆驼（野双峰驼）。据称，在中国塔里木至柴达木盆地间，向东至蒙古有栖居。常栖息在干旱地区，随季节变化而有迁移。

　　野双峰驼的驼峰比家骆驼的小而尖，躯体比家骆驼的细长，脚比骆驼的小，毛也较短。野双峰驼数量稀少，单独、成对或结成小群4～6只在一起，很少见12～15只的大群。

　　双峰驼十分能耐饥渴，它们可以十多天甚至更长时间不喝水，在极度缺水时，能将驼峰内的脂肪分解，产生水和热量。而一次饮水可达57升，以便恢复体内的正常含水量。它们以梭梭、胡杨、沙拐枣等各种荒漠植物为食，吃沙漠和半干旱地区生长的几乎任何植物（包括盐碱植物）。

　　双峰驼比较驯顺、易骑乘，适于载重：在四天时间中可运载170～270千克东西每天走约47千米路，它们的最高速度是约每小时16千米。雄驼多单独活动，繁殖期争雌殴斗激烈，多一雄多雌成群活动，可形成30～40只的大群。

　　2年1胎1仔，孕期13个月。是世界级珍兽。繁殖期4—5月，孕期12～14个月，雌骆驼每产1仔，很少两仔，4～5岁性成熟，寿命35～40年。

　　双峰驼有两层皮毛：一层是温暖的内层绒毛，和一层粗糙的长毛外皮。两层皮毛会混合成团状脱落，可以收集并分离加工。双峰驼每年可产约7千克毛纤维，其结构类似于羊绒。双峰驼的绒毛通常为2～8厘米长，可用于纺纱或针织品。

　　单峰驼是一种大型的偶蹄目动物，产于非洲北部、亚洲西部，亦有部分是来自非洲之角、苏丹共和国、埃塞俄比亚和索马里。

单峰骆驼在数千年前已开始在阿拉伯中部或南部被驯养。现时所知全球约有 1 300 万头单峰骆驼已被驯养，大多是在西印度到巴基斯坦，再到伊朗至北非一带。它们原来的分布地已无未被驯养者，可是一些单峰骆驼后来传入澳大利亚，也有一些传入了美国，因此只有澳大利亚和美国的单峰骆驼是野生的。

雄性单峰骆驼的上颚较软，使它们可以生出一个粉红色的袋子。在交配季节期间，这个袋子会吊在雄性单峰骆驼嘴的两旁，以吸引异性。单峰骆驼的睫毛很浓密，耳朵小而多毛。单峰骆驼的妊娠期长约 12 个月。通常它们一次只生一头小骆驼，成年骆驼会一直亲自照顾小骆驼，直到小骆驼 18 个月为止。雌性单峰骆驼在 3 ~ 4 岁后就性成熟，而雄性单峰骆驼在 5 ~ 6 岁后才性成熟。它们的寿命一般为 25 年，而最长可达 50 年。成年的单峰骆驼可长达 3.3 米，高达 2 ~ 2.3 米。它们一般重 450 ~ 620 千克。

被驯养了的单峰骆驼可为人类提供奶和肉，也可用来装载货物或乘客。在埃及，很多警察骑着骆驼四处巡逻。单峰骆驼比双峰骆驼高，跑得更快，若有人驾驭的话，可一直维持着时速 13 ~ 14 千米的速度。

除单峰驼和双峰驼外，还有 4 种生活在南美洲的类似骆驼的骆驼科动物：大羊驼、阿尔帕卡羊驼、原驼、小羊驼。

知识点

柴达木盆地

柴达木盆地为高原型盆地，地处青海省西北部，盆地略呈三角形，北西西－南东东方向延伸，东西长约 800 千米，南北宽约 300 千米，面积 257 768 平方千米，为中国三大内陆盆地之一。盆地西高东低，西宽东窄。四周高山环绕，南面是昆仑山脉，北面是祁连山脉，西北是阿尔金山脉，东为日月山，为封闭的内陆盆地。处于平均海拔 4 000 多米的山脉和高原形成的月牙形山谷中，盆地内有盐水湖 5 000 多个，最大的要数面积 1 600 平方千米的青海湖。地处青藏高原北部，柴达木不仅是盐的世界，而且还有丰富的石油、煤，以及多种金属矿藏，如冷湖的石油、鱼卡的煤、锡铁山的铅锌矿等都很有名。所以柴达木盆地有"聚宝盆"的美称。

延伸阅读

驼峰有贮水器吗

经解剖证实，驼峰中贮存的是沉积脂肪，不是一个水袋。而脂肪被氧化后产生的代谢水可供骆驼生命活动的需要。因此有人认为，驼峰实际存贮的是"固态水"。经测定，1克脂肪氧化后产生1.1克的代谢水，一个45千克的驼峰就相当于50千克的代谢水。但事实上脂肪的代谢不能缺少氧气的参与，而在摄入氧气的呼吸过程中，从肺部失水与脂肪代谢水不相上下。这一事实说明，驼峰根本就起不到固态水贮存器的作用，而只是一个巨大的能量贮存库，它为骆驼在沙漠中长途跋涉提供了能量消耗的物质保障。

骆驼的瘤胃被肌肉块分割成若干个盲囊即所谓的"水囊"。有人认为骆驼一次性饮水后胃中贮存了许多水才不会感到口渴。而实际上那些水囊，只能保存5~6升水，而且其中混杂着发酵饲料，呈一种黏稠的绿色汁液。这些绿汁中含盐分的浓度和血液大致相同，骆驼很难利用其胃里的水。而且水囊并不能有效地与瘤胃中的其他部分分开，也因为太小不能构成确有实效的贮水器。从解剖观察，除了驼峰和胃以外，再没有可供贮水的专门器官。因此可断定，骆驼没有贮水器。

河 马

一说到河马，有的人认为它是马的兄弟，其实河马与马虽都有一个马字，可连亲戚都攀不上，它同牛还可算得上是异族兄弟。河马一词的意思是指"河中之马"，这是希腊人对这种强悍野兽的称呼。而古埃及人的猜测则更为正确，他们称它为"河中之猪"。历史上，河马在非洲几乎所有的河流与湖泊中都生活过。从装饰古埃及人纪念碑的象形文字中可以断定，当时生活在尼罗河流域的河马非常多，而且，猎杀河马是一项广受喜爱的消遣活动。今天，河马已经从埃及消失。河马的长牙价值不菲，这是导致河马迅速减少的部分原因。其分布地区不断减少，现在只有在北纬17°以南才能觅到它的踪迹。

河马生活在南非洲和中非洲的河湖、沼泽边缘的草地，专门食草和水生植物，有时也会吞吃泥土以补足矿物质。它们是很贪吃的，常常吃得大腹便便，平均每晚能吃 60 千克的食物。一天之中，河马差不多有十七八个小时泡在水里，连交配、分娩、哺乳都在水中，初生的幼仔也要在水中呆上 10 多天后才上岸来活动。由于长期在水中生活，被毛变得稀少，鼻孔、眼睛和耳朵全长在脸的上部，几乎成一平面。当它们泡在水里的时候，不用抬头，鼻孔、眼睛和耳朵都能露在水面。这样不但呼吸顺当，也能看见东西，听到声音。更妙的是鼻孔、眼睛和耳朵里都有一个控制开闭的阀门，下水时严密地关闭起来，不让一滴水进入里面，并且能在水中停留很长的时间。

河马的头特别大，头骨重几百千克。更引人注目的是，它有一个大嘴巴，陆地上任何动物的嘴都没有河马的嘴大，一个人若跳进去，也难于填满，可称为大嘴巴冠军。它的上门牙很短，向下弯曲，一对下门牙向前伸出，像一把铲子，还有一对向上向外伸出的下犬齿。今天它的门牙吃草时磨损了多少，明天就长出多少来，像变魔术哩！

河马走路时不单边走边排下大小便，还唯恐不够脏，用它的尾巴把粪便泼向四周。在同类争执中，河马有时更会把粪便当作暗器泼向对方。不过河马不雅的排便行为其实对生态很有裨益。

河马可以整日浸在水中，只露出鼻孔和眼睛在水面。河马可以闭气潜水，在水中它们仍然是用腿走路。河马会在傍晚时分上岸吃草，有时会走到 5 千米之外的地方。河马是群居动物，由一二十头河马组成。河马很讲究地盘势力，会对入侵领土的河马展开大厮杀，打得兴起时就连附近的小河马也无暇理会，被咬死踩死并不为奇。雌河马和它们的孩子一起生活在群体里，通常都呆在河中间凸起的浅滩上，几只雄河马在河马群周围独自生活，没有得到雌河马的允许，是不准靠近河马群的。小河马出生时大约长 90 厘米。河马妈妈带着孩子来到陆地上，且要它呆在自己的身边。如果不听话，就会用头撞它。

河马看起来笨重而憨厚，实际上它们在岸上的奔跑速度远比人要快，在非洲，河马是野生动物中杀人最多的物种（比鳄鱼还要多），河马极具攻击性，特别是当它们正要从岸上回到水里的时候，如果有其他生物挡在中间，河马会狂怒地冲向障碍。河马的犬齿十分尖利，力气也很大，成年河马可以一口咬断鳄鱼。所以到非洲旅游时，远离河马！

河马身上没汗腺，但是却有一种红色分泌腺体，可以分泌出叫做"河马汗"的黏稠液体，这种液体结构非常精密，能够反射阳光，从而保护河马这种庞大的动物不受阳光的伤害。人类对臭氧层的破坏解放了紫外线这个"生

命的杀手"，防晒（或者说防紫外线）得到越来越多的人重视。日本科学家发现，河马出汗时分泌的红色黏液具有非常好的防晒效果。这种有双重功效的红色黏液，不仅帮助河马抵御细菌感染，还能抵挡太阳光线对河马皮肤的侵害。日本庆应大学科学家在《自然》杂志上发表报告说，河马本身没有汗腺，但它有一种专门的皮下腺体，可以分泌出黏稠状汗液物质。随着其中的色素分子不断聚合成更长的分子链，黏液也从开始的无色变成红色直至最后变成棕褐色。

人们认为河马出汗是为了降低体温、保持凉爽。但科学们猜测这种黏液很可能同时具备抗菌和遮光的功效。研究人员实验分析结果表明，河马汗液中含有两种色素，一种为红色．一种为橙色。进一步测试表明，红色色素可以吸收可见光和波长200～600纳米之间的紫外线。这说明，红色色素的确能够保护河马的皮肤不受太阳光伤害。日本科学家提醒说，人们也不要因此就盲目地跑到动物园去揩一把河马汗往身上抹，因为这种黏液是有臭味的。

尼罗河

世界第一长河尼罗河发源于非洲东北部布隆迪高原，流经布隆迪、卢旺达、坦桑尼亚、乌干达、南苏丹、苏丹和埃及等国，最后注入地中海。全长6 671千米，流域面积约335万平方千米，占非洲大陆面积的1/9。尼罗河由卡盖拉河、白尼罗河、青尼罗河3条河流汇流而成。尼罗河最下游分成许多汊河流注入地中海，这些汊河流都流在三角洲平原上。三角洲面积约24 000平方千米，地势平坦，河渠交织，是古埃及文化的摇篮，也是现代埃及政治、经济和文化中心。至今，埃及仍有96%的人口和绝大部分工农业生产集中在这里。因此，尼罗河被视为埃及的生命线。

复制"河马汗"

河马能在毒辣的太阳底下暴晒一整天而不会晒伤，科学家们希望能据

"河马汗"研制出一种产品，涂在我们人类身上，可以遮光、防紫外线、杀菌和防虫。

科学家从弗雷斯诺查菲动物园河马休息的地方，重新收集了这种分泌的液体，并且把液体转移到了密封的塑料容器中。几个月以后，这种红色的"汗"竟然没有任何发酵、滋生细菌或者真菌污染的现象。

通过对"汗"的分析表明了它含有两种液晶结构：带状的和非带状的。当放大特定的倍数来看时，带状组织是"同心的黑环构成的"。那些环是带状结构的周期性引起的，发生在带状结构的规模比得上可见光波长的时候，这就意味着汗是一种阳光有效的反射体，所以它兼有防晒和遮光的效果。而非带状的结构，它可以通过减少汗的黏稠度，加强汗覆盖在河马表面的能力。

啮齿动物

　　各种鼠类、兔子和鼠兔，由于形态、习性和生理等的相似，我们统称为啮齿动物。它包括兽类中的啮齿目与兔形目两个类群，在我国就有180～190种，占全国兽类种数的1/3强，其个体数量超过其他类群数量的总和。

　　啮齿动物为小型或中型的兽类，它们共同的特征是具有一对终生生长的凿形门齿，没有齿根，门齿前面有较坚硬的釉质，以适应啮咬生活，为保持门齿的高度需不断啮咬各类物品。啮齿动物对环境的适应性极强，因而在地球表面分布最广，除生存条件极端恶劣的南、北极外，无论是高山、草原、森林、平原、农田、水域、戈壁都有它们的踪迹，几乎遍布全球。一旦环境发生变化时，就调整自身与环境的关系。

　　啮齿动物与人类关系密切，在国民经济中影响大。我国现存的180多种啮齿动物中，虽然可作为食肉兽类的食物而在生态平衡中起到一定的作用，但其中绝大部分种类却是害多益少；部分种类如松鼠、旱獭、麝鼠、竹鼠、花鼠等，在经济生活中虽然可向人类提供毛皮、肉食，用于科研、观赏等对人类有些益处，但也绝不能忽略它们危害的一面。

老 鼠

老鼠是一种啮齿动物,体形有大有小。种类多,共有约 280 个属,约有 1 700 多种,我国有鼠类约 170 多种,我国南方主要鼠种有 32 种,老鼠有家栖和野栖两类。常见的家栖鼠主要有褐家鼠、黄胸鼠和小家鼠 3 种;野鼠主要是黄毛鼠,又称罗赛鼠、田鼠。

家栖鼠的主要生活习性:

(1)生活史:家栖鼠类生长发育很快,性成熟早,幼鼠出生 2 ~ 3 个月即可怀孕,妊娠期短,一般 20 天左右,分娩后可立即发情,全年大部分时间都繁殖。家栖鼠一般一年可怀孕 5 ~ 7 次,胎仔数多,平均每胎 6 ~ 12 只。幼鼠出生头 2 个月主要在巢窝内活动,3 ~ 9 个月龄是家栖鼠类一生中最活跃时期,黄胸鼠、褐家鼠平均寿命 6 ~ 7 个月,很少到 2 年。小家鼠平均寿命只有 100 天左右。

(2)感觉:嗅觉非常发达。视觉对强光敏感,适应夜视,视力差,色盲。味觉敏锐,能拒食只含极低浓度不纯的毒饵。

(3)活动能力:褐家鼠是善于打洞的动物,鼠洞长可达 180 ~ 300 厘米,深 50 厘米。3 种家栖鼠都善于攀登,但黄胸鼠更善于攀登。褐家鼠、黄胸鼠能垂直跳过 60 厘米,小家鼠跳高 30 厘米。3 种家栖鼠都善于游水,褐家鼠水性最好。褐家鼠、黄胸鼠一般游 30 米,最远达 100 米,小家鼠一般只有几米,最远可达 30 米。

(4)生态行为:鼠类活动主要在夜间,有黄昏(晚 8—10 时)黎明(晨 4—5 时)两个高峰。对过去不良经历会在以后的行为活动中表现出来,产生回避,如恶味、痛苦症状、受伤等。回避这种不良经历的物体及场所,可达数月之久,甚至遗传。对环境出现新的物体有回避、恐惧行为,以黄胸鼠、褐家鼠特别明显。褐家鼠喜栖息于温暖潮湿地,多于建筑物周围、垃圾场周围、水沟、河岸等处打洞,及在下水道中栖息;黄胸鼠喜栖息于高层隐蔽场所,如屋顶、天花板、树枝上以及杂物堆;小家鼠喜栖息于干燥、离食源近的场所,由于体小,常在仓库货物堆、破箱、抽屉中筑窝。

(5)饮食状况:3 种家栖鼠食性较杂,一般而言褐家鼠、黄胸鼠对各种谷物、肉类、水果、垃圾粪便等都能吃。小家鼠喜食高蛋白或高碳水化和物的食

物，如谷物及其制品、奶制品等。褐家鼠、黄胸鼠每日需水15～30毫升，缺水不能生存。小家鼠能耐旱，可较长时间不喝水，但如有水也很喜欢饮水。小家鼠体型小，代谢率高，因此它必须不停寻找食物，除夜间外，白天也活动，一般1小时左右活动一次，但每次食量很小，仅0.1克左右，并不断更换觅食场所。

（6）种群增长：鼠类种群增长与环境（容纳量）直接有关。容纳量包括食物来源、隐蔽条件、筑巢条件、水源、活动空间等。

种群增加超过容量的承受力，使鼠类的出生率下降，死亡增加，种群数量减少。

（7）迁移和移居：栖息地是鼠类生存的基本条件，一旦原栖息地受到干扰或破坏，鼠类就会被迫移居到其他地点，在温带还会有季节迁移，春季从室内迁移到野外，秋季又从野外迁回室内。在一个地区彻底灭鼠后，四周的鼠就会向灭鼠区迁移。

野鼠（黄毛鼠）的主要生活习性：

黄毛鼠为野栖鼠种，室内极少捕获到，在平原、丘陵和山区农田数量较多，喜居于稻田、甘蔗田、菜地、灌木丛、塘边、沟边的杂草中。夏季多在近水、凉爽地方活动，在秋、冬季喜居于住宅区附近的菜地、杂草丛中或山脚下。

黄毛鼠是地下栖居鼠种，其洞穴结构较为简单，一般有洞口2～5个，洞口直径3～5厘米，洞道直径约4～6厘米，洞道弯曲多分支。

黄毛鼠昼夜活动，一般夜间活动最多，以清晨和黄昏最为频繁。活动范围随食物条件不同而变化，食物丰富时，活动范围小，约几十米以内，食物缺乏时，活动范围明显扩大，可到距2～3千米的地方觅食。黄毛鼠的数量随着不同作物的和生长和成熟而转移，在冬季作物成熟收割后，一部分迁至稻草堆下，一部分窜入室内，数量极少。在福建古田地区黄毛鼠窜入室内主要在5月和12月前后。

黄毛鼠是一种杂食性鼠类，以食植物性食物为主，占90%以上，动物性食物较少，喜吃大米、谷子、红薯、小麦、黄豆等，对不同作物、不同生育期的食物有明显的选择性，对早熟的水稻品种为害较重。

鼠害是一个严重的世界性问题，全世界不管哪个角落都受到鼠害的威胁，鼠害主要表现两方面：①鼠能传播疾病，危害人类身体健康。现已知至少能传播35种以上疾病，如鼠疫、流行性出血热、钩端螺旋体病等。②破坏工农业生产，造成严重的经济损失。在工业企业鼠类进入配电间，咬断电缆（绝缘材料），钻入变压器等造成短路，造成停电，使工厂停工停产。咬断通讯电缆，造成通讯中断，机场瘫痪等。在农业方面，老鼠吃掉谷物种子，糟蹋粮食，造成严重危害。

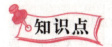

知识点

黄胸鼠

黄胸鼠是我国的主要家栖鼠种之一，长江流域及以南地区野外也有栖居，但除西南及华南的部分地区外，一般数量较少。行动敏捷，攀缘能力极强，建筑物的上层、屋顶、瓦楞、墙头夹缝及天花板上面常是其隐蔽和活动的场所。夜晚黄胸鼠会下到地面取食和寻找水源，在黄胸鼠密度较高的地方，能在建筑物上看到其上下爬行留下的痕迹。多在夜晚活动，以黄昏和清晨最活跃。有季节性迁移习性，每年春秋两季。作物成熟时，迁至田间活动。栖息在农田的黄胸鼠洞穴简单，窝内垫有草叶、果壳、棉絮、破布等。

延伸阅读

老鼠嫁女节

老鼠虽然口碑不佳，相貌也不讨人喜欢，还落得个"老鼠过街，人人喊打"的千古骂名，但从社会、民俗和文化学的角度来看，它早已脱胎换骨，由一个无恶不作的害人精，演化出来一个具有无比灵性，聪慧神秘的小生灵。老鼠的成活率高，寿命长，如非遇到天敌猫的袭击或人类大规模的扑灭行动，大多数都能安享晚年、寿终正寝、而且子孙满堂，这是其他动物可望而不可即的。因此老鼠在民间被作为子（生育）神受到人们崇拜。历史上曾有过"老鼠嫁女节"。一般在正月二十五晚上，当晚家家户户都不点灯，全家人坐在堂屋炕头，一声不响，摸黑吃着用面做的"老鼠爪爪"等食品，不出声音是为了给老鼠嫁女提供方便，以免得罪老鼠，给来年带来隐患。民间剪纸中的"老鼠嫁女"就是这种传说的反映，所以深夜不点灯，在地上撒米、盐，人要早晨上床，不影响老鼠的喜事。

松　鼠

松鼠体态优美、小巧玲珑、活泼可爱，一直是人类喜爱的观赏动物。它是哺乳纲啮齿目一个科，原产地是我国的东北、西北及欧洲，除了在大洋洲、南极洲外，全球的其他地区都有分布。根据生活环境不同，松鼠科分为树松鼠、地松鼠和石松鼠等。全世界近35属212种，中国有11属24种，生活在树林里的松鼠，在我国东北和华北各地十分常见，因而又叫普通松鼠。它的身体细长，体毛为灰色、暗褐色或赤褐色，所以也称灰松鼠。而岩松鼠和侧纹岩松鼠两种是中国特有动物。

红腹松鼠主要是栖居在密林中，生活习性与灰鼠有些相似，多喜晨、昏活动，食物主要以摄食各种坚果，如松果、栗及浆果为主，亦食各种树叶、嫩枝、花芽及鸟卵、雏鸟和昆虫等。每年可繁殖2次，每次产3～4仔，以2仔居多。

岩松鼠则栖息在山区的岩石区，岩松鼠虽然能攀登于树上，但主要还在岩石间栖息，一般营巢于岩隙间。岩松鼠白天活动，主要以野生果实或植物种子为食，如坚果、胡桃、杏等，但有时也会食农作物，是一种山林的害兽。

侧纹岩松鼠也叫白纹岩松鼠、白喉岩松鼠、福氏岩松鼠。身体背面暗灰褐色；体侧面从肩至臀部有一个狭长白纹，在白纹下方为一个黑纹；体腹面呈淡赤褐色，胁带赤色；胸部至颏白色；尾基部毛色似体背面，尾端带黑色；后足足底与岩松鼠不同，局部裸露，仅后部有毛；在后跟与拇趾基部之间有一个长的肉垫。分布于云南省澜沧江以东的滇西、滇西北，以及四川南缘，为易危种。冬毛可作饰皮。骨骼风干后，有活血祛风之功能，具有一定的药用价值。

松鼠是一种漂亮的小动物，乖巧，驯良，很讨人喜欢。它们虽然有时也捕捉鸟雀，却不是肉食动物，常吃的是杏仁、榛子、榉实和橡栗。它们面容清秀，眼睛闪闪发光，身体矫健，四肢轻快，非常敏捷，非常机警。玲珑的小面孔，衬上一条帽缨形的美丽尾巴，显得格外漂亮。尾巴老是翘起来，一直翘到头上，自己就躲在尾巴底下乘凉。它们常常直竖着身子坐着，像人们用手一样，用前爪往嘴里送东西吃。可以说，松鼠最不像四足兽了。

松鼠不躲藏在地底下，经常在高处活动，像飞鸟一样住在树顶上，满树林里跑，从这棵树跳到那棵树。它们在树上做窝，摘果实，喝露水，只有树被风刮得太厉害了，才到地上来。在平原地区是很少看到松鼠的。它们不接近人的住宅，也不待在小树丛里，只喜欢住在高大的老树上。在晴朗的夏夜，可以听到松鼠在树上跳着叫着，互相追逐。它们好像很怕强烈的日光，白天躲在窝里歇凉，晚上出来奔跑，玩耍，吃东西。

松鼠不敢下水。有人说，松鼠过水的时候，用一块树皮当作船，用自己的尾巴当作帆和舵。松鼠不像山鼠那样，一到冬天就蛰伏不动。它们是十分警觉的，只要有人触动一下松鼠所在的大树，它们就从树上的窝里跑出来躲到树枝底下，或者逃到别的树上去。松鼠在秋天拾榛子，塞到老树空心的缝隙里，塞得满满的，留到冬天吃。在冬天，它们也常用爪子把雪扒开，在雪下面找榛子。松鼠的动作轻快极了，总是小跳着前进，有时也连蹦带跑。它们的爪子是那样锐利，动作是那样敏捷，一棵很光滑的高树，一忽儿就爬上去了。松鼠的叫声很响亮，比黄鼠狼的叫声还要尖些。要是被惹恼了，还会发出一种很不高兴的恨恨声。

松鼠的窝通常搭在树枝分叉的地方，又干净又暖和。它们搭窝的时候，先搬些小木片，错杂着放在一起，再用一些干苔藓编扎起来，然后把苔藓挤紧，踏平，使那建筑物足够宽敞，足够结实。这样，它们可以带着儿女住在里面，既舒适又安全。窝口朝上，端端正正，很狭窄，勉强可以进出。窝口有一个圆锥形的盖，把整个窝遮蔽起来，下雨时雨水向四周流去，不会流进窝里。

松鼠生儿育女能力很强，它与别的啮齿动物一样，具有成熟早、繁殖快的特点。每年的一二月间，雌雄松鼠开始谈情说爱，雄鼠摆动粗大尾巴在树冠上跳跃追逐雌鼠，此时雌鼠也是兴奋不已热烈相随。发情期约延续两周，对雄性个体则要求性欲旺盛配种能力强；而对雌性则要求母性强，胎产数多，泌乳量充足的个体。配种时以一雄一雌或一雄多雌的交配方式，松鼠怀孕的时间大约为35～40天，4月初进入哺乳期，每年能产仔3次左右，每次能产4～6只。只要食物充足，松鼠的雌性个体就能繁殖较多个体，有着较强的繁殖力。初出生的幼仔以母体乳汁作为全部营养需求的来源，因此，此时应该要特别注意母体的营养状况，小松鼠刚生下时很小，看不见东西，发育很慢，生下将近30天时才睁开眼睛；至一个半月时，小松鼠才愿意到室外进行活动。

 知识点

南极洲

南极洲由围绕南极的大陆、陆缘冰和岛屿组成，其中大陆面积1 239.3万平方千米，陆缘冰面积158.2万平方千米，岛屿面积7.6万平方千米。总面积约占世界陆地总面积的9.4%，位于七大洲面积的第五位。是人类最后到达的大陆，也叫"第七大陆"。位于地球最南端，土地几乎都在南极圈内，四周濒太平洋、印度洋和大西洋。是世界上地理纬度最高的一个洲，同时也是跨经度最多的一个大洲。南极洲腹地几乎是一片不毛之地。那里仅有的生物就是一些简单的植物和昆虫。但是，海洋里却充满了生机，那里有海藻、珊瑚、海星和海绵，大海里还有许许多多叫作磷虾的微小生物，磷虾为南极洲众多的鱼类、海鸟、海豹、企鹅以及鲸提供了食物来源。

 延伸阅读

好学的松鼠

德国的一位研究者，曾设计了一个巧妙的实验，他在天然环境中养大松鼠，但不给它们任何硬壳果，让它们没有碎裂硬壳果的练习机会，用这样的方法，去判断有经验的松鼠咬开榛子时那种干净利索的方法，是否属于"一种天生的本性"，他很快就发现松鼠虽然凭借天然本能就会识别转动和碎裂硬壳果，但要经过"反复尝试"这一过程，方能有效地操作自如。

一只从未见过榛子的成熟松鼠首次去咬破这种硬果，它就会不停地咬，最后虽然咬开了榛子，但在壳上留下了不少齿痕；第二次，就有进步了，咬破后的果壳比第一次好看些，但所花的时间仍然很长；通过再次练习后，进步更大，它先咬榛壳末端较软部分，从它和较硬部分连接处下嘴，把整片咬掉；最后松鼠终于发现榛壳本来有天然的沟纹，深咬沟纹可毫不费力地咬开榛子。

这一实验证明了打开硬壳果是松鼠的天生欲望，抱着硬壳果去咬正是它的

本能，但将这些行为综合起来，组成碎裂某种硬壳果所需的缜密配合的行动，则是需反复尝试学得的技巧。

河 狸

河狸是中国啮齿动物中最大的一种。营半水栖生活，体形肥壮，头短而钝、眼小、耳小及颈短。门齿锋利，咬肌尤为发达，一棵 40 厘米的树只需 2 小时就能咬断。河狸分布在俄罗斯、德国、法国、瑞士、瑞典、挪威、芬兰、波兰、加拿大、蒙古国西部、中国新疆。中国新疆和蒙古国的河狸属于欧亚河狸中的蒙古亚种，分布窄，数量少，在中国仅分布于乌伦古河及其上游的青格里河、布尔根河、查干郭勒河两岸，尤以布尔根河最为集中，植被也是整个流域最好的。

河 狸

河狸夜间活动，白天很少出洞，善游泳和潜水，不冬眠。河狸一个独特的本领是垒坝，凡是河狸栖息或是栖息过的地方，都有一片池塘、湖泊或沼泽。河狸总是孜孜不倦地用树枝、石块和软泥垒成堤坝，以阻挡溪流的去路，小则汇合为池塘，大则可成为面积达数公顷的湖泊。河狸具有改造自己栖息环境的能力。当进入新的栖息地或栖息地水位下降时，河狸会用树枝、泥巴等筑坝蓄水，以保护洞口位于水下，防止天敌侵扰。河狸有时为了将岸上筑坝用的建筑材料搬运至截流坝里，不惜开挖长达百米的运河。河狸在陆地上行动缓慢而笨拙，不远离水边活动。其自卫能力很弱，胆小，喜欢安静的环境，一遇惊吓和危险即跳入水中，并用尾有力拍打水面，以警告同类。

河狸每年繁殖1次，1—2月交配，4—5月产仔，每胎1～6仔，妊娠期为106天左右，哺乳期约2个月，幼仔出生后2天就会游泳，第3年性成熟。寿命为12～20年。河狸喜食多种植物的嫩枝、树皮、树根，也食水生植物，杨、柳的幼嫩枝叶及树皮。夏季河狸也在岸边采食草本植物，如菖蒲、荆三棱、水葱及禾本科植物等。到了秋季，河狸在晨昏活动频繁，将树枝等咬断成1米左右，衔到洞口附近的深水中贮藏，以备过冬时食用。在河狸栖息的地区，时常能见到碗口粗的树桩，这就是河狸的杰作。因为树木、树权是它们筑坝、垒巢的上好材料，树皮、树叶是它们储备过冬的最好食物。

河狸肉味鲜美，河狸皮毛十分名贵，从水中一出水面其皮毛滴水不沾，其香腺分泌物为名贵香料——河狸香，是世界上四大动物香料之一，也可作为医药中的兴奋剂。因此，河狸具有很高的经济价值。另外，河狸广泛分布于200万年前，当时的动物大都早已灭绝，少数则演化为新种，而河狸幸存下来，但体形蜕化得仅有原来的1/10。因此，河狸又被称为古脊椎动物的一种活化石，具有较高的研究价值。

知识点

瑞　士

　　瑞士是位于欧洲中南部的多山内陆国。东界奥地利、列支敦士登，南邻意大利，西接法国，北连德国。国土面积41 285平方千米，人口770.02万（2009年），其中瑞士籍人口占79.8%，外籍人口占20.2%。瑞士是全球最富裕、经济最发达和生活水准最高的国家之一，人均国民生产总值居世界前列，旅游资源丰富，有"世界公园"的美誉。伯尔尼是联邦政府所在地，而该国的两个著名全球性都市苏黎世和日内瓦分别被列为世界上生活品质最高城市的第一和第二名。瑞士也是世界著名的中立国，历史上一直保持政治与军事上的中立，但瑞士同时也参与国际事务，许多国际性组织的总部都设在瑞士。

延伸阅读

布尔根河狸保护区

中国境内由于生态破坏和人为因素，河狸分布区迅速缩小，现已濒临灭绝。全乌伦古河水系河狸数量波动在 500～800 只之间，其中布尔根河有 35 个家族，查干河有 2 个家族，布尔根河至乌伦古河福海段约有 130 个家族。而蒙古国的河狸保护得好，数量多。布尔根河上游部分在蒙古国境内，离边境约 40 千米为河狸自然分布区，据说在蒙古国的其他几条河流已有人工迁养的河狸。我国于 1981 年在布尔根河流域建立了全国唯一的河狸自然保护区。

布尔根河狸保护区位于新疆阿勒泰地区青河县查干郭勒乡布尔根河流域，主要保护布尔根河 50 千米河段沿岸河狸分布区的河谷林河狸生境及世界上稀有的兽类河狸。布尔根河是一条由东向西的河流，发源于蒙古国境内，流入中国 50 千米后，与青格里河汇合到乌伦古河。现在，这条 50 千米长的河流两岸 1 千米以内的地方，都划入了河狸保护区的范围。其中河狸分布较多的几个段落，被划作绝对保护区。

兔　子

兔子是哺乳类兔形目、草食性脊椎动物。头部稍微像鼠，耳朵根据品种不同有大有小，上唇中间分裂，是典型的三瓣嘴，非常可爱。兔子性格温顺，惹人喜爱，是很受欢迎的动物。尾短而且向上翘，前肢比后肢短，善于跳跃，跑得很快。宠物兔喜欢黏人，野兔怕人。颜色一般为白、灰、枯草色、棕红色、黑和花色。

兔的种类其实有很多，但根据美国兔子繁殖者协会（ARBA）的资料，纯种兔大概可分成 45 种，而在这 45 种当中又可从用途方面再分成三大类，分别是肉兔（食用），毛兔（毛用）和宠物兔（宠物用）。兔子有其固定的生活特性：其一，昼伏夜动。就是白天多伏卧于笼舍中，晚上多跳跃跑动，不断采食和饮水。所以要保证饮食和喂水，最好傍晚加喂一次，喂食要定时定量。其二，兔子也是会得忧郁症的，所以必须每天放出来玩 1～2 个小时。如果你不

JIEXI DONGWU DE XIONGMENG TIANXING

能常常陪伴，不妨给兔子一些玩具，可以缓解它的情绪，打发无聊的时间。其三，喜干恶湿。家兔是喜欢干燥怕湿的小动物。要放在干燥的地方，经常打扫。天气好的时候，不妨拿到阳台去晒晒太阳，不要正午时晒，会中暑的。晒的时间不要过长，最好有点树荫的地方，对它们的骨骼有强化的作用。其四，胆小易惊。其五，耐寒怕热。家兔有一定的耐寒力，但怕热。夏天一定要多喂水，放的地方要通风。如果是未断奶的兔子，在喝足母奶的情况下，可以在20天以后慢慢引入一些苜蓿草、提木西草、兔粮。

据专家观察研究，兔子的语言行为十分丰富：咕咕叫代表兔子不高兴，通常是对主人的行为或对另一只兔子感到不满。比如兔子不喜欢人家去抱它碰它，它就会发出咕咕叫。如果你再不停止那行为，就可能被抓破皮肤的。喷气声代表兔子觉得某些东西或某些行动令它感到受威胁。如果是你的行动令兔子感到受威胁，当你继续那行动，就可能会被咬。兔子的尖叫和人类一样，通常是代表害怕或者痛楚。如果突然听到兔子尖叫声，主人应该给予关注，因为可能是兔子受了伤，很痛，还有可能有生命危险，通常10分钟后就会死去。如果大声磨牙代表兔子感到疼痛，最好带兔子看一下兽医师。如果轻轻磨牙代表兔子很满足很高兴。当兔子轻力发生磨牙声，如果你伸手摸兔子下巴，可以感到臼齿在摩擦。通常兔子在这时候眼睛会在半开合状态，也就是快要睡的时候。像猫咪一样，兔子满足时也会呜呜叫。不过兔子和猫咪不同之处是猫咪会用喉去发声，但兔子是用牙齿去发声。其实呢，只要你仔细听一下，还是可以听得到的。兔子通常是对另一只兔子才会发出嘶嘶的叫声。嘶嘶的叫声是代表一种反击的警告，主要是告诉另一只兔子别过来的意思，否则它会进行攻击。当兔子成年，兔子就可能出现绕圈转的行为。绕圈转是一种求爱的行为，有时候更会同时发出咕噜的叫声。

人类和猿猴科动物的眼睛是位于正前方的，而兔子眼睛的位置是位于两侧上方。因为人类和兔子的祖先有不同生活习性与生活方式，所以眼睛的构造也根据需要而不同。人类的祖先，为了去爬树采果实和分辨果实的色彩，因此需要有良好视力和分辨色彩的能力。而兔子本身是草食性，它们不用爬树采果实。兔子主要是需要广大的视力范围和远视的能力，以避开四周猛兽的袭击。兔子的视力范围差不多有360°，因此在后方发生的事，它们也可以看见。兔子可以看很远的东西，包括人类肉眼看不见的东西。

研究表明，兔子的视力范围很广，不过兔子的视力真是不太好。对于颜色方面，兔子是色盲的，只能够分辨有限的颜色，而且它们看到的影像是模糊的。兔子远视能力比较好，不过对于近距离的东西，它们是看不到或看不清楚。兔子主要是看到平面的影像，因此对距离的感觉也不太好。兔子在暗光的情况下看东西最为清楚，而非在黑暗的环境中。现在有很多有关兔子视力的问题仍然是个谜。例如：当兔子把头移向一边为了看清楚某件东西时，它的另一只眼睛应该会看见完全不同的东西，两者是怎样协调？这些有关兔子的视觉问题也有待研究。

首蓿草

首蓿草又名幸运草、四叶草，是一种豆科首蓿属多年生草本植物，一般只有3片小叶子，叶呈心形，叶心较深色的部分亦是心形。首蓿草成千上万地生长在我们的周围，但是或许你用10年的光阴，也未必能找到一片4个叶子的首蓿草。据说在10万株首蓿草中，可能只有唯一的一株是四叶草。因为珍稀难求，所以四叶草一直是国际公认的幸运的象征！它原产于欧洲与美洲，以真正幸运草制作的精品，在欧美、东南亚流行已久。如今在韩国、日本，更是以幸运草饰品作为送给朋友的最完美无缺的祝福。

延伸阅读

兔 文 化

在中国，兔子一直被认为是瑞兽。古书《瑞应图》记载："赤兔大瑞，白兔中瑞。"在汉代以前，古人认为兔子没有雄者，那么它们怎样繁育后代呢？晋代张华在《博物志》中说，兔"望月而孕，口中吐子"。雌兔只须对月亮飞一飞眼就"有了"，虽高科技所不能及。兔儿爷，是中国民间艺术的产物，造型生动诙谐。兔儿爷披挂大将军行头，威风凛凛地骑在老虎身上，深受儿童喜爱。"兔"在中国是一个美好的字眼。它既是人的生肖之一，也与人类的生命、人们的美好希望密切相连。卯兔并称，"卯"表示春意，代表黎明，充满

着无限生机。"兔子"以其机敏驯良，乖巧可爱的秉性，早已成为人类的朋友，老百姓一直把它视为吉祥之物。我国神话中的《嫦娥奔月》，与之相伴就是玉兔。人们虚拟出一个凡人不可企及的"广寒宫"，让玉兔在桂花树下抱铁杵捣药，降福人间，一直为人们津津乐道。

 # 鼠 兔

鼠兔虽属兔目动物，但与普通兔科不同，属鼠兔科。原产阿富汗，在日本北海道的大雪山也有同族存在，在我国内蒙古、甘肃等地分布较多。鼠兔体型小，全身毛浓密柔软，底绒丰厚，与它们生活在高纬度或高海拔地区有关；毛呈沙黄、灰褐、茶褐、浅红、红棕和棕褐色，夏季毛色比冬毛鲜艳或深暗。栖息于草原、山地林缘和裸崖。分布在我国的鼠兔有各种不同品种，如有藏鼠兔、东北鼠兔、达呼尔鼠兔、高原鼠兔、大耳鼠兔等。

藏鼠兔

藏鼠兔分布于中国西北、西南地区的高山灌丛、草丛等地带，一般在海拔2 000米以上，最高可达4 000多米。它的体长为11～16厘米，体重为44～67克。耳壳背面黑褐色，内面棕黑色。体毛主要为棕黑色，腹面为灰白色。藏鼠兔以植物为食，昼夜均活动。它的洞系复杂，出口多者达5～6个；出口一般开于草垛和树根处。洞口椭圆形，直径约4～4.5厘米。在落叶松林和高山灌丛，洞道多利用石块的缝隙，洞口和洞道很不规则，洞口入土一般是斜向的，因石块大小不同，形状、排列也不相同。

藏鼠兔的洞穴一般可分3类，每种洞穴均有不同的用途。第一类是复杂洞穴，常集群分布在灌丛处，洞系较为规则，洞口入土有垂直的、有斜向的，斜度大小不一；由洞口出土后洞道与地面平行，再分叉蜿蜒通至各个洞口，长度达350厘米，分叉长100厘米以上，洞道平均直径8～10厘米，距地表面约6～8厘米。第二类为简单洞穴，有2～3个洞口，洞道较短，约100～150厘米。距地表面5～7厘米，常有1～2个分支，每分支上盲道较少。这种洞穴常布分在复杂洞穴之间。第三类是临时洞穴，极简单，一般只有1个出口，1个盲端。洞道长度约70～100厘米，直径不规则，为临时避敌之用。这类洞穴数量极少。由于在高山永冻层不到1米的地带，藏鼠兔不可能把洞穴挖得很深，

所以分散的洞穴系统使它们可以拥有广阔的觅食范围，而且在危险的时候能及时躲入最近的洞穴里。

藏鼠兔很容易受到几种捕食动物的捕食，它们不会离开自己安全的洞穴太远。藏鼠兔的觅食行为受天敌的影响很大。首先，它宁可在洞穴附近过牧的草场觅食，也不远离洞穴到比较丰美的草场觅食。其次，最容易遭到攻击的年幼个体比成年个体的活动范围更加靠近自己的洞穴。怀孕的雌兽因需要更多的食物，才不得不扩大觅食范围，但离洞穴越远，遭到捕食的风险也越大。有趣的是，当科学家在藏鼠兔的栖息地摆上一排狭长的石块作为它们应对捕食的避难所时，它们就敢于到离洞穴更远的地方去觅食了。显然，藏鼠兔在觅食时必须防范被其他动物吃掉，有时为了安全就不得不牺牲一些能量收益。这种权衡可以借助多种方式实现。一种方式是尽可能减少觅食时间，由于觅食时很难同时监视捕食者，因此被捕食的风险将随着觅食时间的增加而增加。另一种方式是选择到安全的地点觅食，哪怕那里的食物并不太丰富。

高原鼠兔

高原鼠兔主要分布于西藏高原，青海、甘南、川西、南疆、滇北高原等地也有分布，它最喜欢栖居在气候比较温暖湿润，阳光充足的宽谷、滩地和坡麓地带的草甸草原中。

高原鼠兔是草食性鼠类，它们最爱吃优良牧草的芽、叶、茎、花、种子及根，平均日食鲜草 77.3 克。它们是草原上一种既机灵、又狡猾的害鼠，当草场上的优良牧草被啃食殆尽，成为一片废地时，就迁居他地，重新开辟一块活动场所。在迁移途中遇到 2～3 米宽的河流，它们也无所畏惧，迎着急浪，横渡而过。

高原鼠兔为群栖穴居生活，大都成对居住。其洞穴比较复杂，大体上可分为复杂洞和简单洞两类：复杂洞为鼠兔栖居和繁殖的主要洞穴。有洞口 3～5 个，洞口前呈扇形土丘。各洞口间有交织成网状的跑道。洞口为椭圆形，洞深 25～45 厘米，洞道弯曲多枝，总长在 6 米以上，内有粪坑和巢室；简单洞，多为临时洞，是鼠兔临时停留隐蔽之所，一般洞口只有 1 个，洞道较短而无巢室。在鼠兔居住区内常有一些无鼠居住的废弃洞。在无鼠居住的废弃洞外面的土丘上无新土和脚印，洞口里多有陈粪、腐草、蛛丝等，冬季洞口壁上无冻霜和冰屑；有鼠居住的洞口外面有新土丘、脚印，洞口光滑、湿润，冬季洞口壁上有霜和冰屑。

高原鼠兔两年繁殖 1～2 次，在气候较暖的地区当年生的幼鼠就能参与繁殖，每胎3~8只。它们常年昼夜活动，不冬眠，在寒冬腊月，地面温度降低到 -20℃时，仍能照常出洞觅食。每当夏季来临，高原鼠兔活动更为频繁、猖撅，有的能跑到数百米远的地方去觅食。

高原鼠兔具有很强的挖掘能力，以牧草为食，尤其是它们的群聚性特点，在一定范围内大量集中，数量特多，对草原的危害极为严重，是青海草原的主要鼠害。鼠兔对草场的危害是多方面的，主要表现：挖掘鼠洞，破坏草场；盗食牧草，减少载畜量；破坏土壤，引起沙化；造成草场退化；加速草皮滑塌，造成水土流失。

大耳鼠兔

大耳鼠兔是分布于中国鼠兔中最大的一种，外形粗壮，耳圆大，无白色毛边，其长可达30毫米左右。它栖息于河谷陡岸、裸岩峭壁上的裂隙。有时在芨芨草丛的根部挖洞筑穴。单体独居，不形成复杂的洞群。白天常在峭壁、裸岩、岩石上活动。性好动、活泼、行动十分敏捷、灵活。以禾本科、莎草科、藜科、蒿草及苔藓等植物为食。冬不蛰眠，夏秋常备干草准备冬用。天敌主要有艾鼬、狐、狼、鹰、雕等。

知识点

日本北海道

北海道位于日本最北端，是日本一级行政区，面积8.3万平方千米，人口约570万（2005年），由北海道岛和附近的利尻岛、礼文岛、奥尻岛等小岛组成，约占日本国土面积的22%。森林覆盖面积占总面积的70%以上，人口密度极低。全年气候寒冷，具有雪国特有的季节性，春、夏、秋、冬分明，而冬季漫长。由于在北海道内设立了6个国立公园、5个准国立公园和12个北海道立自然公园，对自然环境进行了完善的保护和管理，大自然保持着野生的优美环境，一年四季景色优美。北海道是日本屈指可数的游览胜地，是日本的粮食基地之一，小麦、马铃薯、大豆、乳牛与牛乳产量居日本全国最前列，木材的产量、捕鱼量居日本首位，矿产资源也很丰富，是日本最重要的煤炭产地。

延伸阅读

消灭鼠兔的主要方法

鼠兔在我国草原地区分布广，数量多，当前用化学灭鼠法是消灭鼠兔的主要方法。

（1）毒饵法：常用的杀鼠药有 C 型肉毒梭菌毒素、磷化锌、甘氟、氟乙酰胺等。此外，敌鼠钠、毒鼠磷、氨基甲酸酯类 LH106 等可作为轮换药物。常用的配制毒饵的诱饵有燕麦、青稞、大麦、蔬菜、珠芽蓼草籽、青草、青干草等。

（2）喷洒法：用 0.5% 甘氟、0.2% 氟乙酰胺粉剂或 0.05% ~0.2% 氟乙酰胺液剂，在牧草生长旺季，喷洒在有效洞中周围的牧草上，或每隔 8 米喷成药带或每隔 8 米交叉组成方格。喷至牧草湿润而不形成水珠为宜。喷洒药后的草场要禁牧 30~45 天，若用甘氟时禁牧应延长到 113 天以上。

（3）熏蒸法：可将磷化铝 2 片或磷化钙 30 克投入有效洞中后，立即将洞口堵死。熏蒸时，必须确定洞内有鼠，或在鼠活动时，将鼠赶入洞后再投药。

飞兽与海兽

　　能在空中展翼飞翔的动物，除鸟类和大部分昆虫外只有蝙蝠了。蝙蝠属翼手目，是哺乳动物中唯一能够在空中飞行的小型兽类。从种数讲，它仅次于啮齿类，全世界约有900种以上，除极地外都有它的分布。我国独特的多种自然环境为翼手类的生存和繁衍提供了良好的场所，其种数占全世界种数的10%。翼手类中最大的蝙蝠叫狐蝠，体重约有1千克，两翼展开的长度近1.5米，而最小的蝙蝠体重仅5克左右，两翼展开后的长度也不超出15厘米。

　　鲸是世界最大的胎生哺乳动物，不是鱼类。小鲸要吃一年的母乳才能发育成熟。鲸的"鳍"是由四肢演化来的。鲸用肺呼吸，是恒温动物。

　　就整个海兽类而言，以鲸的种类为最多，数量也最可观。鲸可以分为两大类：一类是口中没有牙齿，只有须的，叫做须鲸，事实上这些胡须是长在嘴内的折角形齿片，用于过滤水和捕捉鲸所食用的虾和其他小动物，这些齿片就代替了牙齿；另一类是口中无须而一直保留牙齿的，叫做齿鲸。须鲸的种类虽少，但它们身体巨大，成为人类最主要的捕捉对象，其中有身体巨大、无与伦比的蓝鲸，有行动缓慢、头大体胖的露脊鲸，有喜游近岸、体短臂长、动作滑稽的座头鲸，还有体小吻尖的小须鲸，等等。齿鲸的种类较多，除抹香鲸外，其余身体一般都较小，如凶猛无比的虎鲸和智商很高的海豚。

　　尽管鲸的身体有长短粗细的差别，但一律呈流线型，样子都像鱼，所以人们多称其为鲸鱼。不过，鲸却是兽类。它也像人一样，不断地浮出水面呼吸空气。有时我们在海面上可以见到鲸呼气时喷出的一股股白色雾柱，有的高达10余米，状如喷泉，十分壮观。

蝙 蝠

蝙蝠是哺乳类中古老而十分特化的一支，属于翼手目，因前肢特化为翼而得名，分布于除南北两极和某些海洋岛屿之外的全球各地，以热带、亚热带的种类和数量最多。它们由于其貌不扬和夜行的习性，总是使人感到可怕，外文中名字的原意就是轻佻的老鼠的意思，不过在我国，由于"蝠"字与"福"字同音，所以在民间尚能得到人们的喜爱，将它的形象画在年画上。

蝙蝠类动物全世界共有900多种，我国约有81种，是哺乳类中仅次于啮齿目的第二大类群。它们可以大体上分成大蝙蝠和小蝙蝠两大类，大蝙蝠类分布于东半球热带和亚热带地区，体形较大，身体结构也较原始，包括狐蝠科1科。小蝙蝠类分布于东、西半球的热带、温带地区，体型较小，身体结构更为特化，包括菊头蝠科、蹄蝠科、叶口蝠科、吸血蝠科、蝙蝠科等10余科。

几乎所有的蝙蝠都是白天憩息，夜间觅食。蝙蝠的颜色、皮毛质地及面型千差万别。蝙蝠的翼是在进化过程中由前肢演化而来，由其修长的爪子之间相连的皮肤（翼膜）构成。蝙蝠的吻部像啮齿类或狐狸。外耳向前突出，很大，而且活动非常灵活。蝙蝠的颈短，胸及肩部宽大，胸肉发达，而髋及腿部细长。除翼膜外，蝙蝠全身覆盖着毛，背部呈浓淡不同的灰色、棕黄色、褐色或黑色，而腹侧颜色较浅。

蝙 蝠

　　蝙蝠是唯一一类演化出真正有飞翔能力的哺乳动物。它们中的多数还具有敏锐的听觉定向（或回声定位）系统。狐蝠和果蝠完全食素，大多数蝙蝠以昆虫为食。因为蝙蝠捕食大量昆虫，故在昆虫繁殖的平衡中起重要作用，甚至可能有助于控制害虫。某些蝙蝠亦食果实、花粉、花蜜；热带美洲的吸血蝙蝠以哺乳动物及大型鸟类的血液为食。这些蝙蝠有时会传播狂犬病。蝙蝠呈世界性分布，在热带地区，蝙蝠的数量极为丰富，它们会在人们的房屋和公共建筑物内集成大群。

　　蝙蝠的体型大小差异极大。最大的狐蝠翼展达1.5米，而基蒂氏猪鼻蝙蝠的翼展仅有15厘米。蝙蝠的颜色、皮毛质地及脸相也千差万别。除拇指外，前肢各指极度伸长，有一片飞膜从前臂、上臂向下与体侧相连直至下肢的踝部。拇指末端有爪。多数蝙蝠于两腿之间亦有一片两层的膜，由深色裸露的皮肤构成。蝙蝠的吻部似啮齿类或狐狸。外耳向前突出，通常非常大，且活动灵活。许多蝙蝠有鼻叶，由皮肤和结缔组织构成，围绕着鼻孔或在鼻孔上方拍动。

　　整个蝙蝠群的性周期是同步的，因此大部分交配活动发生于数周之内。妊娠期从六七周到五六月。许多种类的雌体妊娠后迁到一个特别的哺育栖息地点。蝙蝠通常每窝产1~4仔。幼仔初生时无毛或少毛，常在一段时间内不能视不能听。幼仔由亲体照顾5周至5个月，按不同种类决定。

　　尽管它们有翅膀，看上去很像鸟类。但它们没有羽毛，也不生蛋。它们是哺乳动物的原因：雌性产下幼仔，用乳汁哺育。

　　某些种类的蝙蝠是飞行高手，它们能够在狭窄的地方非常敏捷地转身，蝙蝠是唯一能振翅飞翔的哺乳动物，其他像鼯鼠等能飞行的哺乳动物，只是靠翼形皮膜在空中滑行。夜间，蝙蝠靠声波探路和捕食。它们发出人类听不见的声波。当这声波遇到物体时，会像回声一样返回来，由此蝙蝠就能辨别出这个物体是移动的还是静止的，以及离它有多远。长耳蝙蝠能在飞行中捕食昆虫，也能从叶子上把虫抓下来。它的大耳朵使它能接受回声。

　　蝙蝠一般都有冬眠的习性，冬眠的地方大都是在洞里，冬眠时新陈代谢的能力降低，呼吸和心跳每分钟仅有几次，血流减慢，体温降低到与环境温度相一致，但冬眠不深，在冬眠期有时还会排泄和进食，惊醒后能立即恢复正常。它们的繁殖力不高，而且有"延迟受精"的现象，即冬眠前交配时并不发生受精，精子在雌兽生殖道里过冬，至翌年春天醒眠之后，经交配的雌兽才开始排卵和受精，然后怀孕、产仔。

蝙蝠是用声波来判断前方是否有障碍物，用此来改变飞行道路。从前很多人说蝙蝠视力差，其实是一个天大的误区。最近已经有不少科学家指出，蝙蝠视力不差，不同种类的蝙蝠视力各有不同，蝙蝠使用超声波，与它们的视力没有必然联系。

蝙蝠类动物的食性相当广泛，有些种类喜爱花蜜、果实，有的喜欢吃鱼、青蛙、昆虫，吸食动物血液，甚至吃其他蝙蝠。一般来说，大蝙蝠类一般以果实或花蜜为食，而大多数小蝙蝠类则以捕食昆虫为主。

以昆虫为食的蝙蝠在不同程度上都有回声定位系统，因此有"活雷达"之称。借助这一系统，它们能在完全黑暗的环境中飞行和捕捉食物，在大量干扰下运用回声定位，发出波信号而不影响正常的呼吸。它们头部的口鼻部上长着被称作"鼻状叶"的结构，在周围还有很复杂的特殊皮肤皱褶，这是一种奇特的生物波装置，具有发射波的功能，能连续不断地发出高频率生物波。如果碰到障碍物或飞舞的昆虫时，这些生物波就能反射回来，然后由它们超凡的大耳郭所接收，使反馈的信息在它们微细的大脑中进行分析。这种生物波探测灵敏度和分辨力极高，使它们根据回声不仅能判别方向，为自身飞行路线定位，还能辨别不同的昆虫或障碍物，进行有效的回避或追捕。蝙蝠就是靠着准确的回声定位和无比柔软的皮膜，在空中盘旋自如，甚至还能进行灵巧的曲线飞行，不断变化发出波的方向，以防止昆虫干扰它的信息系统，乘机逃脱的企图。

蝙蝠在维护自然界的生态平衡中起着很重要的作用，各种食虫类蝙蝠能消灭大量蚊子、夜蛾、金龟子、尼姑虫等害虫，一夜可捕食 3 000 只以上，对人类有益。蝙蝠所聚集的粪便还是很好的肥料，对农业生产有用。经过加工的蝙蝠粪被称为"夜明砂"，是中药的一种。蝙蝠还是研究动物定向、定位及休眠的重要对象，对它们辐射技术的秘密还没有完全搞清楚，人类仅仅只是知道了蝙蝠能够做些什么了，但仍然不知道它们是怎样做的，所以拯救那些濒临灭绝的种类势在必行。

知识点

冬　眠

动物以中止生活活动的状态去越冬，称为冬眠。通常是指恒温动物季节

性的非活动状态，但广义地也适用于陆生变温动物（节肢动物、陆生贝类、两栖类、爬虫类等）的越冬。变温动物的体温随着冬季的到来与外界温度一起下降，以至很快变得不能进行生活活动的状态。但在这之前，则向避风和温度下降不剧烈的地方移动而进入冬眠。一般多选择阳坡的地下或石头下面等处。作为冬眠的准备，动物在体内蓄积脂肪。对于昆虫类，可依种的不同，分别选择卵、幼虫、蛹、成虫的某一个阶段越冬。

恒温动物中的冬眠动物有刺猬、松鼠、山猫、蝙蝠等小形哺乳类。它们与大形动物相比，其体表面积与体积之比大，因而放热比例也大，在冬季缺乏维持体温所需的产生能量的食物。所以冬眠就是对这些条件的一种适应。寒冷、食物和水的不足以及昼间缩短等刺激，作用于脑下垂体—内分泌系统而诱发冬眠，不过发生机制尚不甚清楚。

延伸阅读

斯帕拉捷的蝙蝠实验

1793 年夏季的一个夜晚，意大利科学家斯帕拉捷放飞关在笼子里做实验用的几只蝙蝠。只见蝙蝠们轻盈地飞向夜空，并发出"吱吱"叫声。斯帕拉捷感到奇怪，因为在放飞蝙蝠之前，他已用小针刺瞎了蝙蝠的双眼，"瞎了眼的蝙蝠怎么能如此敏捷地飞翔呢？"他下决心一定要解开这个谜。于是，他又把蝙蝠的鼻子堵住，放了出去，结果，蝙蝠还是照样飞得轻松自如。"奥秘会不会在翅膀上呢？"斯帕拉捷这次在蝙蝠的翅膀上涂了一层油漆。然而，这也丝毫没有影响到它们的飞行。最后，斯帕拉捷又把蝙蝠的耳朵塞住。这一次，飞上天的蝙蝠东碰西撞的，很快就跌了下来。斯帕拉捷这才弄清楚，原来，蝙蝠是靠听觉来确定方向，捕捉目标的。

斯帕拉捷的新发现引起了人们的震动。从此，许多科学家进一步研究了这个课题。最后，人们终于弄清楚：蝙蝠是利用"生物波"在夜间导航的。它的喉头发出一种超过人的耳朵所能听到的高频声波，这种声波沿着直线传播，一碰到物体就迅速返回来，它们用耳朵接收了这种返回来的生物波，使它们能作出准确的判断，引导它们飞行。

鲸 类

鲸，我们一般还称为"鲸鱼"，但实际上，鲸是一种生活在海洋中的特殊哺乳动物，与鱼有很大的区别：它们根本就不是一个种类，鲸属于胎生的哺乳动物，而鱼属于卵生的；鱼用鳃呼吸，而鲸则用肺呼吸。

目前，全世界鲸的产量约30%分散在南美洲、非洲和大洋洲附近海域以及北冰洋、太平洋和大西洋北部一带，而70%左右却集中在南极洲附近的海域。因此，坦荡浩淼的南冰洋正是群鲸腾跃、海兽纵横的广阔世界。

每当南冰洋开冻、暖季降临南极之前，不少生活在温带海域繁衍后代的鲸类，都好像预知季节的变更，纷纷启程南下，开始做一年一度的长途索饵洄游，从千里甚至万里之外的远方海域游经非洲和南美洲沿海长驱而下，迁徙到南极。这时候，长须鲸、抹香鲸、座头鲸、蓝鲸、鳁鲸、鳍鲸、驼背鲸和逆戟鲸等从四面八方云集南冰洋，使南极四周的水域成了群鲸荟萃的"鲸鱼世界"。

虎鲸（逆脊鲸）

鲸的种类分为两类，一类是须鲸，无齿，有鲸须，有两个鼻孔，有长须鲸、蓝鲸、座头鲸、灰鲸等种类，比较温和，一般吃微生物；一类是齿鲸，有锋利的牙齿，无鲸须，鼻孔一般一到两个，有抹香鲸、独角鲸、虎鲸等种类，比较凶猛，一般食肉。海洋中绝大部分氧气和大气中60%的氧气是浮游植物制造的。须鲸却是浮游植物的劲敌。另外，齿鲸也有助于保持鱼类的生态平衡。

齿鲸是以鱼为食的大型哺乳动物。齿鲸的嘴里长着一排排锋利的牙齿，捕食乌贼、鱼以及其他软体动物，甚至捕食鲨鱼、海豹及缺乏自卫能力的须鲸。我们熟知的海豚也是齿鲸的一种，它的嘴里有牙齿没有须，身体比较小。

须鲸在胚胎过程中是曾经出现过牙齿的，成形之后却没有了。代替牙齿长在嘴里的是由几百片骨质的东西组成的毛刷状构造。须鲸吃东西时，只要把嘴巴张得大大的，像一个深邃的洞穴，静候大量浮游生物和鱼虾进来，然后侧过身，突然霍地一下把上下颚紧紧关闭。因为须鲸的咀嚼肌不发达或近乎退化，在身躯保持正直时难以闭上嘴。当它吞满一口海水和大量鱼虾时，必须侧过身子才能合拢嘴巴，并借助于特殊的肌肉组织，牵动两三吨重但柔软而富于弹性的舌头，紧贴上颚，使劲地把海水从筛子般的须片中挤出去。经过这一过滤，留在嘴里的便尽是鱼虾和其他有机物体了，然后再用大舌把挡在须片上的东西舔下来，一起卷入咽喉，未经咀嚼便直接到了胃里。这就是所谓的"鲸吞"。须鲸就是依赖这种理想的过滤器，能饱餐像磷虾那样众多而细小的海洋生物，作为营养丰富的食物。

鲸类同那些生活在南冰洋中的海豹、海象和海豚等兽类一样都以乳汁哺育幼仔，都用肺呼吸，并长期生活在水中。但它既不同于鱼类要用鳃呼吸，也不像上述海兽每当繁殖幼仔的时候非到海滩或冰上分娩，重新过一段两栖生活，而是过着符合其自身特点的生活。这些生活习性的特点是与它的起源有关的。

一个由美国、法国和巴基斯坦的地质学家组成的考察队从1975—1979年在巴基斯坦进行了4年的野外作业，终于在卡拉奇北面大约1 600千米的喜马拉雅山脉的丘陵地带发现了据说是世界上"最早的鲸化石"。这些化石是夹在伊斯兰堡与历史上有名的开伯尔山口之间大约半途上的一层坚硬的岩石层里。

担任考察队领队的美国密执安州大学的古生物学家金格里奇教授说："（化石的）头盖骨后部和几颗牙齿，系属于大约4 000万~5 000万年前生活在古地中海的鲸，当时印度和巴基斯坦组成了一块与亚洲其他部分分离的陆地……这些化石可能有助于提供关于了解得很少的鲸类祖先的情况。"

经过科学家们的长期研究和考证，现在，人们对于鲸类的起源已经有了比

抹香鲸搁浅英国海滩

较一致的看法，认为鲸的祖先是大约在 6 000 万年前生活在陆地上的食草哺乳类动物，有 4 条腿。随着自然条件的变迁，陆地沉入海洋，它们被迫在水中生活，长期的进化，身体便慢慢地适应水中生活而起了变化。

经过长期的演变，鲸不仅在体形上起了变化，成为适宜于水中活动的纺锤形的鱼身，而且其他器官也都起了相应的变化。曾经在陆上行走的前肢变成了现在的一对胸鳍，分列胸前两侧，当它在水面浮游时，其胸鳍伸出水面，就好像两只巨大的桨；后肢退化后两只长在一起，形成了呈扁平状的尾鳍，在水中前进时可以使身体保持平衡，并像舵一样掌握前进的方向；它的两只鼻孔朝天，并向后移动到了头顶的位置，便于漂浮到水面时进行呼吸。但是，鲸类的许多生活习性仍然保持着陆上哺乳类动物的某些基本特征：如，它不是用鳃呼吸，而是用肺呼吸；幼鲸通过胎生，并靠吃母乳长大。

如今的鲸已经极擅游泳，常常远距离迁徙数千千米，简直可称得上游泳和潜水好手了。但一般游速并不快，每小时只有 8～10 千米，只有在发现危险或受到伤害时，游速才提高一倍，达到每小时 16～20 千米。鲸一般在水下游泳 10～20 分钟后，就要浮出水面呼吸 1～3 分钟，以呼出肺内的废气，重新吸入新鲜空气。鲸鱼的肺活量很大，可一次吸入数十立方米的空气，所以，当它受伤或极度受惊时，可潜入水底一次达 1 小时左右。抹香鲸、小鰮鲸可以下潜几百米至 1 000 多米，经受一二百个大气压，停留两个多小时。人类带了水下呼吸设备的潜水服，也只能下潜百米左右，停留不过几十分钟，还要不断供应与水压相等气压的空气（要知道水深每 10 米，空气压力就增加 1 个大气压）。鲸

也经常在海面追逐嬉戏，甚至跃出水面，将庞大的身躯完全暴露在空中。有时，海员们还能偶尔看到鲸沉睡海面的情景，甚至小舢板或大船都能接近它的身躯。

与地球上的所有动物相比，鲸是首屈一指的庞然大物。这种硕大无朋的水生哺乳类动物就其重量和长度而言，不仅在现代动物界中是独一无二的，就是在古代横行无忌，不可一世的恐龙也望尘莫及。迄今发现的两亿年前的大型哺乳类动物的化石，也从未有过像鲸那样巨大的。最大的恐龙重达 80 吨，长 27 米，比起上百吨的鲸类来说只能是个中等动物了。

最大的鲸当数蓝鲸和格陵兰鲸。蓝鲸的长度超过 30 米，重量达 150 吨，相当于 30 头印度象或 200～300 头公牛的重量；格陵兰鲸的大小与蓝鲸差不多，长可达 20～22 米，体重也可达 150 吨。格陵兰鲸能适应北极地区冰天雪地里的生活环境，所以，它有一个别号，叫极地鲸。鲱鲸仅次于蓝鲸，平均长度为 21 米，体重为 50 多吨；抹香鲸是齿鲸类中最大的，一般长 10～20 米，最长可达 25 米，体重一般 15～25 吨，最重可过 60 吨。

为了维持庞大身躯的新陈代谢，鲸类的食量都很大，每昼夜就要吞食 1 吨的鱼虾。捕鲸者在南冰洋的加工船上解剖鲸尸时，从一头中等须鲸的胃里发现还没有完全消化的磷虾多达 2 万只，可见它在一年中吞进肚子的海生动物的数量就会达到天文数字了。就拿比蓝鲸和长须鲸都要小的逆戟鲸来说，它的胃口也很大，人们从它的胃中也曾发现过 10 多只海豹，甚至在一头仅 6.4 米长的逆戟鲸的胃里一次发现 14 只海豹和 13 只海豚的记录。实际上，只有如此巨大的食量才能维持鲸大量的体力消耗。因为它不游则已，一游千里，在迁徙时则更远达万里之遥。而在"长征"途中它们往往不吃不食，一个劲儿地奋力向前，足见其平时营养积累的重要。有了足够的营养才能维持它巨大的活力。它在运动时体力惊人，往往使出 1 700 匹马力的劲头。当它被捕鲸炮击中垂死挣扎时，竟能把一艘捕鲸大船倒拖着游很长一段距离，甚至还能兴涛作浪把船掀翻，力量极为惊人。

鲸的体重往往超过 100 吨，但它的大脑的重量却只有 8 千克左右，与庞大的身躯极不相称。脑子的体积虽不大，但大脑皮层的皱褶很复杂，说明它具有陆地动物那样的比较高级的中枢神经组织。这一构造决定了鲸尽管身体笨重，但在水中却仍然显得机动灵活。凭着灵敏的听觉发现远处有螺旋桨搅动水浪的声音，它便急速逃窜，以躲避捕鲸船的追踪。有时它能机警地潜入大冰山的底部或绕到冰山后边与捕鲸者"捉迷藏"。当它不幸被鲸炮命中时，还往往能拖着扎在身上的沉重的炮箭（即捕鲸炮弹），以受创的身躯，或猛烈碰撞船身，欲使船只倾覆；或使尽全力把船只拖跑。它拖着捕鲸船不定向前进，东晃西颠，不时发出呼啸之声，似哀鸣，如叹息，一会儿露出黑脑袋，一会儿浮现白肚皮，使出全身解数进行垂死挣扎，直到筋疲力尽才被迫就擒。

鲸和鱼类一样，也是近视眼。因为它们祖祖辈辈都在水中生活，适应了光线暗淡、有时甚至呈悬浊液的水域环境。尽管鱼类眼球内有铃状体调节晶状体与视网膜之间的距离，有助于矫正偏近的视力，以便在猎取食物和抵御敌害时能看清较远的饵料或躲避劲敌的袭击，但它们视力所及的最远距离不

逆戟鲸

过十多米。不过，鲸对红、黄、绿、蓝色的反应很灵敏，对水中物体的形状和大小也有识别能力。

鲸既有外耳，又有中耳，还有一双内耳，位于颅骨的听囊里面。这种比较完整的听觉器官使它能辨别水中产生的细微动静。它在水中游动时，像一艘潜艇那样，时而沉没海底，时而浮出水面，时而安谧前进，时而激起波浪。它必须时刻警惕，提防意外。即使行驶在 5~6 千米之外的船舶的螺旋桨声也不能放过，并立即根据声音的方位适当改变自己的游向，以免不测。

生活在南极海域的齿鲸，当发现憩息在冰块和冰山上的海豹和企鹅时，便悄悄地靠近目的地，并用背把冰块扛起来，使之倾斜或颠覆，使企鹅和海豹翻身落入水中，它旋即追捕，并狼吞虎咽地饱餐一顿。

须鲸在南冰洋中寻找食物时，能充分发挥皮肤和鲸须的触角作用，当它发现有大量浮游生物时，便张开大嘴，像巨网一样等待着数以万计的"牺牲品"。须鲸身上除了头部和下颚稀疏地留有一些须毛之外，全身皮肤几乎溜光。既无汗腺，又无泪腺，连皮脂腺也没有。但雌鲸腹部皮肤皱褶之处的生殖孔两侧长有一对乳房。在哺乳期间，母鲸体态丰腴，乳房隆起。

鲸的寿命一般来说是很长的，在正常情况下，一头鲸可活 40~50 年。南极海域的须鲸算是其中最老的"寿星"，有的往往可活到 100 岁。鲸类的繁殖

率不高，一般每年才繁殖一次，有的两三年才繁殖一次，孕期一般10～12个月，抹香鲸的孕期更长达16个月之久，而且它们的繁殖率也不高，每胎仅产一仔。

幼鲸刚出生时即能游泳，通常游在母鲸的身边，母鲸对幼仔也十分关爱，一遇危险就用自己的身躯来保护幼仔。刚出生的幼鲸就很肥壮，长3～4米，皮下脂肪厚达15厘米；很快就长成6～7米长，5～6吨重。一昼夜功夫竟能增长60～100千克的体重，半年可长到12～13米，体重达15～20吨。周岁时身长比初生时几乎增加一倍。两三周岁时身体便能达到成年鲸般的大小。

幼鲸日长夜大靠的是从母乳中吸收了丰富的营养，因为它每天消耗奶汁0.25～0.3立方米。而这种鲸乳的浓度简直像炼乳一样，所含脂肪率可达40%～50%，要比鲜牛奶的含脂量高10倍。因此在哺乳期间，母鲸本身的消耗很厉害，必须以大量的食物作为补充。通常，哺乳期的母鲸一昼夜就要吞食至少5吨鱼虾，否则就会因入不敷出而致虚脱。哺乳时，母鲸在水中侧游，露出乳房，幼鲸将嘴巴紧靠母鲸乳房处，并伸出长长的舌头卷成管状裹住母体乳头，同其他小动物吃母乳的方式相似。母鲸收缩乳房肌肉，乳汁便通过这一"管道"射入幼鲸口中，不致使乳汁散失在海水中稀成了"大锅汤"。幼鲸的哺乳期一般只有5～8个月。

母鲸除了不时给仔鲸哺乳之外，对于幼鲸的关心和体贴也是无微不至的，它还负担着安全保卫和生活诱导的任务。为了防止海中凶禽猛兽的意外袭击，母仔通常在海湾的安谧角落独处。幼鲸不会擅自远游，一直随母见习。循循善诱的母鲸常常耐心地以示范动作教会幼鲸如何随波逐流，如何迂回滩洲，如何觅食避险，又如何辨向识途。

有时"全家"在海湾内乐聚天伦，尽情嬉戏。小鲸在父母身边故意卖嗔弄娇，调皮玩耍，忽而浮上，忽而下潜，忽而蹦跳，忽而逃遁。有时父鲸躲在水底兴涛作浪，掀起轩然大波，故意吓唬仔鲸，好让它经受惊涛骇浪的锻炼。有时母鲸还用鼻子托起幼鲸，让它溜溜地来回转动，亲切地逗乐它，使它兴高采烈地遨游欢腾，沉浸在无限幸福的爱的漩涡里。

特别值得一提的是，在鲸类身上经常会出现两种神秘的集体行动。

一种是集体救助行动。1958年初的一天，在美国加利福尼亚州附近的海面上，人们看到了一场惊心动魄的鲸类大战。只见一群凶猛的虎鲸一次次地扑向另一群5条灰鲸。灰鲸不肯示弱，勇敢地搏斗，不幸有一头灰鲸被咬受了重伤，其他 4 条立即围拢过来救助。这些灰鲸，每头长约 10 米左右，它们一边用偏平宽大的尾鳍托起受伤的伙伴，一边用巨大的嘴回击虎鲸。当虎鲸不能得逞而悻悻离去后，人们发现两头灰鲸托住受伤的伙伴，第三头游到下面往上抬顶，第四头压阵，游动在后方担任后卫，场面非常感人。

大多数鲸类是合群的，有的成双成对结伴而行；有的是以小群体栖息的，如长须鲸；有的则按游泳速度、潜水能力分群，好像人类体育比赛，有的项目必须按体重分级一般，抹香鲸就是这样分群的，而且平时雌雄又分群生活，到交配季节才合群到一起来。鲸向同伴发出的声音是多种多样的，有的像人的悲叹，像牛、猪、猫等动物的叫声，像开门的咿呀声，像尖锐而又刺耳的汽笛声，像吹哨声、钟表滴答声等等，不同的声音就像在交谈一样。座头鲸发出的声音最好听，像唱歌一样，特别是到了繁殖季节，雄座头鲸总要尽情地高唱情歌。有趣的是一年唱一个调，每年更新，很是奇怪。

鲸类的群体之间就靠发出的各种声音来联络，以保持群体行动的协调。这是因为它们居住在海里，能见度很低，眼睛又不好，看不远的缘故。那么，它们是怎么能知道同伴有危险的呢？经过科学家的观察和实验研究，发现鲸类具有很高的回声定位能力。它通过迅速和重复的叫声，进行通讯联系；用每秒振动 500～20 000 次的声音来进行回声定位。抹香鲸就是利用超声波来进行水声定位的，以判断周围环境、搜捕猎获物等。鲸类都能在游弋时，对远距离的低频回声特别注意，只要同伴发出求救信号，就能在接收到后准确前往。当赶到同伴附近时，则对高频回声立即产生反应，就可以明白同伴在附近什么地方受难了。

人们对鲸类的群体救助行为，一向怀有崇敬的心情，历史上不乏这方面的颂扬和深情的描述。难道鲸是富有见义勇为品德的动物吗？科学家则不这样看，他们认为这是一种出自保护物种的本能。大自然是一个整体，各个生物种群之间都是一种依存关系，像链条似地串在一起，保存物种要胜过拯救者保护自身。这是鲸类在生存斗争中，为了使自己又庞大又食量巨大的种群繁衍下去，千百年沿袭下来了一套自己互相救援的本领，形成了群体联合抵抗敌人的集体行动。也许还有更奥妙的动物自身信息交换和社会行为的秘密，则有待于科学家去探索了。

鲸类第二种神秘的集体行动，莫过于所谓群体"自杀"现象了。自古以来，这种悲剧屡有发生。200 多年前的 1784 年 3 月 13 日，一群抹香鲸游进法国的奥栋港，这时正值涨潮，海上又刮起了大风，忽然 32 头抹香鲸拼命冲上沙滩，一边挣扎一边发出哀叫声，4 千米外都能听到。这些鲸大多数是雌性，更加重了人们对它们的同情。

鲸的集体自杀

最大的一次要算是 1946 年 10 月 10 日发生在阿根廷的马德普拉塔海滨的沙滩上，竟有 835 头伪虎鲸大规模地集体死亡，茫茫沙滩全是躺在那里的鲸尸，令人悲伤而震惊。

1970 年 1 月 11 日，150 头伪虎鲸游到美国佛罗里达州皮尔斯堡附近的沙滩。海岸警卫队一心想帮助它们摆脱浅滩，刚把它们赶回海里，又顽强地游了回来，显得非常固执，宁肯搁浅也不接受营救。警卫队忙了整整一天，毫无用处，最后 150 头鲸全部死亡。

同年 3 月 18 日，在新西兰海岸离吉斯伯恩港大约 5 千米的一个奥基塔浴场，正遇上一场风暴，游人纷纷逃离海滩回到旅馆休息。两小时后风平浪静，当人们回到海边时，竟发现海滩上躺着 59 头抹香鲸，除了 13 头雄性外，都是雌性，其中两头还带着刚出生不久的幼鲸，更是惨不忍睹了。

第二年，即 1971 年 1 月 10 日，又有 29 头伪虎鲸游到美国洛杉矶附近的圣克莱门特岛的海岸上集体"自杀"。

以后在 1979 年 7 月 16 日，加拿大波林半岛上百头鲸不顾渔民的阻挡和救援而一起挣扎着死在海滩上。

1981年9月，澳大利亚莫巴特海边至少有160头巨头鲸冲上沙滩，好几百人自告奋勇地赶来相救，有的运来海水不停地泼在鲸身上防止它的皮肤干裂；有的费劲地合力拖着它们想送回海里去；还有的用摩托艇把大绳拴在鲸的尾鳍上，拉它们到深海去。30多小时的紧张抢救毫无效果，送回去的又游了回来，最后这批巨头鲸统统都葬身在沙滩之上。

1985年12月22日早晨，福建省打水岙湾的洋面上，一群抹香鲸乘着涨潮的波浪冲向海滩，全部搁浅，渔民们采用种种方法，甚至动用机帆船拖曳，驱赶鲸群返回海洋，可是，被拖下海的鲸，竟又冲上滩来，直到退潮，12头长12～15米的抹香鲸全部毙命。

1997年，马尔维纳斯群岛海岸约300头鲸"集体自杀"。

对于这种鲸类集体死亡的现象，最早是一位古代学者叫普卢塔赫的，他称之为鲸的"自杀"。从此人们就习惯地用自杀一词来称呼鲸的这种异常的集体行为了。其实，这是不科学的，因为鲸类没有人类一样的思维活动，它们绝不会有想一起去死的念头。死亡是一种结果，原因是什么呢？历来人们有多种解释，有的说是暴风雨把它们刮上岸来的，因为鲸多次自杀都是发生在暴风雨之后；也有的认为这一批批死亡者后面有凶恶的虎头鲸一类敌人在追赶所致；还有的认为是因为领航的鲸引错了路，使大家跟着走上了绝路……一位荷兰科学家经过周密研究之后，提出这是由于鲸类的回声定位功能恶化并失灵而造成的。原来，鲸类体内有很好的声呐系统，借助发出声音后收到的回声来辨别方位、食物状况、同伴群体和礁石海岸等等。1962年荷兰学者范·希尔·杜多克分析了26种鲸类、133个搁浅死亡的实例，发现大都发生在低洼的海岸、沙质浅滩、海滨浴场、砾岩或含淤泥的冲积土地带；或是远离海洋的凸出的海角。当鲸类游到这些地方，由物体发出的回声常常受到阻碍，不能准确返回或完全不能反射到鲸的接受器官上。同时，浅水地区，鲸的喷水孔不能浸没水中，也会影响它回声定位的功能。再加之海上风暴刮起大量气泡、泥沙，也严重干扰了回声信号。这些都造成鲸类迷失方向，而搁浅海滩致死。

20世纪80年代，两名美国科学家又提出了新的见解。他们发现鲸类耳朵中有大量寄生虫。当这些寄生虫迅速繁殖，严重侵袭到中耳的平衡器时，就使回声定位系统受到破坏，结果使鲸无法辨别正确方向而游上岸来。

至于为什么成批的鲸一起搁浅死亡呢？前苏联科学家阿·格·多米林经过多年研究，发现这和本文前面讲的那种群体自救现象有密切关系。开始时，可能是个别的鲸由于回声定位系统失灵而搁浅海滩，当它发出求救信号后，大批

同类前来相救，于是造成了集体死亡的惨状。还有人进一步指出，当时太阳黑子的强烈活动引起了地磁场异常，发生了"地磁暴"，这破坏了正在洄游的鲸的回声定位系统，令其犯下"方向性"的错误。

但鲸类大批同时死亡的现象是非常复杂的，上面的这些解释，可能是其中的原因之一。那么，究竟其真正而全部的原因是什么，则还有待于人们进一步的研究了。

南冰洋

南冰洋，也叫"南极海"、"南大洋"，是世界第五个被确定的大洋，是世界上唯一一完全环绕地球却没有被大陆分割的大洋。南冰洋是太平洋、大西洋和印度洋南部的海域，以前一直认为太平洋、大西洋和印度洋一直延伸到南极洲，南冰洋的水域被视为南极海，但因为海洋学上发现南冰洋有重要的不同洋流，于是国际水文地理组织于2000年确定其为一个独立的大洋，成为五大洋中的第四大洋。国际水文地理组织定义南极洋为以南纬60°为界的经度360°内，包围南极洲的海洋，主要有罗斯海、别林斯高晋海、威德尔海、阿蒙森海，部分南美洲南端的德雷克海峡以及部分新西兰南部的斯克蒂亚海，面积2 032.7万平方千米，海岸线长度为17 968千米。不过，因北边缺乏陆块作为传统意义上的界限，某些科学家不予承认。

→→→→ 延伸阅读

龙涎香

世界上最早发现龙涎香的是中国。汉代，渔民在海里捞到一些灰白色清香四溢的蜡状漂流物，当时人们认为这是海里的"龙"在睡觉时流出的口水，滴到海水中凝固起来，经过天长日久，成了"龙涎香"。

现在我们知道，龙涎香其实是抹香鲸的排泄物，抹香鲸吞食大乌贼和章鱼后，这些食物口中有坚韧的角质颚和舌齿，很不容易消化，在胃肠内积聚，刺激了肠道，肠道就分泌出一种特殊的蜡状物，将食物的残核包起来，慢慢地就形成了龙涎香，然后排出体外。龙涎香起初为浅黑色，在海水的作用下，渐渐地变为灰色、浅灰色，最后成为白色。白色的龙涎香品质最好，它要经过百年以上海水的浸泡，将杂质全漂出来，才能成为龙涎香中的上品。

龙涎香的大小不等，形状各异，小的几十克，大的曾有过400多千克。因为它的用途广泛，气味奇特，被人们称为"漂浮的黄金"。

海 豚

海豚是属于齿鲸中体型较小的哺乳动物，共有近62种，分布于世界各大洋。体长1.2～4.2米，体重23～225千克。海豚嘴部一般是尖的，上下颌各有约101颗尖细的牙齿，主要以小鱼、乌贼、虾、蟹为食。海豚喜欢过"集体"生活，少则几条，多则几百条。

有趣的是海豚的大脑由完全隔开的两部分组成，当其中一部分工作时，另一部分充分休息，因此，海豚可终生不眠。海豚是靠回声定位来判断目标的远近、方向、位置、形状，甚至物体的性质。有人做试验，把海豚的眼睛蒙上，把水搅浑，它们也能迅速、准确地追到扔给它的食物。海豚不但有惊人的听觉，还有高超的游泳和异乎寻常的潜水本领。据有人测验，海豚的潜水记录是300米深，而人不穿潜水衣，只能下潜20米。不过，海豚的栖息地多为浅海，很少游入深海。它们会在不同的地方进行不同的活动，休息或游玩时，会聚集在靠近沙滩的海湾，捕食时则出现在浅水及多岩石的地方。海豚的游泳速度可达每小时40海里，相当于鱼雷快艇的中等速度，这是因为它的身体呈流线型，皮肤有良好的弹性。

海豚是在水面换气的海洋动物，每一次换气可在水下维持二三十分钟，当人们在海上看到海豚从水面上跃出时，这是海豚在换气。以色列科技学院和美国专家在海豚生物学实验期刊发表研究结果指出，经由生物化学和流体力学，对海豚与其他鱼类所做的研究发现，之所以海豚会跳出水面，并在空中旋转，换气是其中一个方面，有时是为了甩掉身上的寄生虫。研究发现，海豚在水中时，受到阻力较大的影响，旋转并不明显，一旦跳出水面，空气阻力比水要小许多，海豚可以在水面以每秒6米的速度旋转。根据研究，海豚在进行跳出水面的动作时，身体会感觉不舒服，不过，可以因此摆脱身上的寄生虫。事实

海 豚

上，寄生虫对海豚造成的影响相当大，严重的会导致海豚生病，专家在研究鲸、豚类搁浅在海滩的成因时，一致认为寄生虫便是其中一个重要原因。

海豚既不像森林中胆小的动物那样见人就逃，也不像深山老林中的猛兽那样遇人就张牙舞爪，海豚总是表现出十分温顺可亲的样子与人接近，比起狗和马来，它们对待人类有时甚至更为友好。

海豚救落水的人的故事，我们听了很多很多，海豚与人玩耍、嬉戏的报道也常有所闻，有的故事甚至成为轰动一时的新闻。

海豚确是一种本领超群、聪明伶俐的海中哺乳动物。经过训练，就能打乒乓球、跳火圈等。除人以外，海豚的大脑是动物中最发达的。一头成年海豚的脑均重为1.6千克，而人的大脑均重约为1.5千克，猩猩的脑均重为0.25千克。从脑重与体重之比看，人脑占体重的2.1%，海豚占1.17%，猩猩只占0.7%。科学家研究证实，海豚不仅仅是有智慧的生物，它们的情商也很高。

经过学习训练的海豚，甚至能模仿某些人的话音。20世纪70年代，美国的3位科学家，让两头海豚学会了25个单词。太平洋海洋基金会的欧文斯博士等4位科学家，对两头海豚进行训练，花了3年时间，教会它们700个英文词汇。

为了证实海豚有学习能力，早在1959年，一位名叫利利的人就对一头海豚做过试验。他把电极插入海豚的快感中枢和痛感中枢，当电流通过电极刺激海豚的快感中枢神经或者痛感中枢神经时，会产生快感或痛感。然后训练海豚触及其头上的金属小片，控制电流的通断。如果电极插在海豚的痛感中枢，海豚只要训练20次就会选择切断电源的金属小片，使痛感消失。而换作猴子的话，则需要数百次训练才能学会控制开关。这说明在某些方面海豚有更强的学习能力。

海豚是人类的朋友，它们十分乐意与人交往亲近。澳大利亚蒙凯米海滩的海豚们已经与人类建立了友谊，给人们带来了莫大的欢乐和惊奇。也许将来有更多的海豚，在更多的地方与人类建立联系，这种愿望并不是什么幻想：随着人们对海豚研究的深入，我们会揭开更多的关于海豚的秘密，那时我们与海豚交往会更加容易，更加亲密，更加友好！

知识点

乌　贼

　　乌贼亦称墨鱼、墨斗鱼，乌贼目海产头足类软体动物，与章鱼近缘。乌贼约有350种，体长2.5～90厘米，最大的大王乌贼体长逾20米。乌贼分布于世界各大洋，主要生活在热带和温带沿岸浅水中，冬季常迁至较深海域。乌贼的身体像个橡皮袋子，乌贼有一船形石灰质的硬鞘，内部器官包裹在袋内。头顶的10条足中有8条较短，内侧密生吸盘。乌贼主要吃甲壳类、小鱼或其他软体动物，主要敌害是大型水生动物。它是头足类中最为杰出的放烟幕专家。在遇到敌害时，会喷出烟幕，然后逃生。

　　乌贼的肉可食，它的墨囊里边的墨汁可加工为工业所用，墨囊也是一种药材，内壳可喂笼鸟以补充钙质。乌贼的内脏可以榨制内脏油，是制革的好原料。它的眼珠可制成眼球胶，是上等胶合剂。

➡➡ 延伸阅读

海豚音

　　海豚音，顾名思义，就是指一些像海豚一样发出的在人类听频范围外的高音调超声波。当然，人是无法发出超声波的。所以，海豚音用来泛指人类发出的极高的音调。海豚音也是至今为止人类发声频率的上限。

　　世界上第一位用这种发音方式唱歌的美国歌手蜜妮莱普顿，她是海豚音的鼻祖。她有着足足5个八度音阶的宽广音域，堪称有史以来天赋最佳的女歌手之一，由她和丈夫共同谱写的《Loving you》获得了爆炸性的成功。

玛丽亚·凯莉是世界流行乐坛天后，一位跨世纪的流行天后，世界公认的演唱海豚音的高手，有"海豚音皇后"之美名，能有八度变化，音符跳跃，她可以唱出5个八度，有时甚至可以唱出7个八度。

　　张靓颖在2005年的"超级女声"选秀比赛全国5进3时，演唱《loving you》，秀出了3段惊艳的超高音。这也使大多数中国观众第一次见识到这种新颖而华丽的唱法，也使她有了"海豚公主"的美誉。

海　狮

　　海狮是一种海洋鳍脚类，产于北美加利福尼亚州沿岸以及北太平洋、北冰洋、南冰洋、南美、澳大利亚和新西兰等地。

　　海狮体型细长呈纺锤形，颈部较长，有小的耳壳。前肢长于后肢，呈桨状。后肢较发达，能向前弯曲，使它既能在陆地上灵活地行走，又能像狗一样蹲在地上。这一点跟海豹不同，海豹的后肢只能向后伸，只能前弯曲，所以不能在陆地上行走。由于有些种类的海狮脖子上长满了鬃状的长毛很像狮子，再加上它们的吼声也像狮子，所以把它们叫做海狮。海狮的雌雄个体大小相差悬殊，如加州海狮雄性体长2.1～2.4米，重300～350千克，雌性体长不过1.8米，重不过100千克。

海　狮

　　海狮有一个特点就是嘴部长满了触须，很像人类的胡子。海狮的胡子特别发达，胡子根部的神经非常复杂，不仅可以通过触摸进行感觉，还可以接受声音，具有声音感受器的作用。海狮有着类似海豚一样的回声定位系统，它也能向周围发射声信号，并灵敏地收集返回来的声波。有趣的是，这些返回波就是靠胡子监听的。

　　海狮的智商很高，是水族馆中的明星。对小海狮进行训练后，它们可以做难度很大的顶球表演，它们可以像杂技演员一样用鼻尖接住飞来的皮球，好像鼻子有吸力一样。实际上。做好这个动作并不容易，就拿人来说，假如没有经过训练，用一只手接篮球，不可能稳妥无误。海狮聪明，记忆力也很强，学会了的本事，很长一段时间忘不了。有些国家的海军利用海狮的聪明将它们驯养成海洋工作或军事上的得力助手。

海狮是水陆两栖动物，它们在陆地上交配、产仔和育儿。不管它们在哪个海区生活，到了生殖季节，都要返回到出生地去，甚至不惜远涉千里。海狮属于多配偶动物。繁殖季节一开始，身强力壮的雄海狮首先赶到繁殖场，在海岸上选好地方，划好自己的地界，等待着雌海狮的到来。

一周后，雌海狮陆续上陆了，这些雌海狮都是大腹便便的，怀着前一年交配后的胎儿。雌海狮上陆后就进入了雄海狮们占好了的地盘，一般 10～20 头雌海狮和一头雄海狮生活在一起，组成一个临时大家庭。生物学家把这种"大家庭"叫做生殖群或多雌群。通常情况下，雄海狮越是雄壮，它的家庭成员就越多。

雌海狮上岸不几天就产下小海狮。产后的雌海狮还没休息几天，雄海狮就又向它们求爱了。在一个生殖季节里，一头雌海狮会交配 1～3 次，一旦受孕成功就自动退出生殖群，后上来的雌海狮补充它们的位置。生殖季节里，雄海狮一但上岸就不再下海，不吃也不喝地完成交配任务。一头雄海狮每天交配 30 多次，每次持续 15 分钟左右。它们完全靠体内积存的脂肪来维持其巨大的消耗。

由于一头雄海狮占领了很多头雌海狮，在繁殖场上就会出现一些无家可归的雄海狮，这些流浪汉气急暴躁地在生殖群外徘徊，经常趁着当家的雄海狮不注意，去勾引雌海狮。一旦被发现，打斗就不可避免地发生了。打斗的结果是：身强力壮的雄海狮拥有交配雌海狮机会和权力，它们强壮的遗传基因得以传递给后代，有利于种族的进化，保证海狮的后代一代比一代更强。生殖期结束后，雄海狮们已经有些力不从心了，它们不得不遣散雌海狮群，然后纷纷跳下海各奔东西。此后，它们天各一方，难得相遇。为了使种族繁衍下去，它们又在来年的生殖季节集中上岸，集中交配。

雌海狮产仔很容易，整个过程仅用 10 分钟左右，很少见到难产现象。一般情况下一胎只生一个仔。初生的小海狮只有 5 千克左右，它们披着保暖很好的密厚的绒毛，刚一生下来就能睁眼，能爬动。它们跟母海狮呆在一起，母海狮想换地方的时候，就像老猫衔小猫一样，用口叼着它们带走。海狮的乳汁很浓，脂肪含量很高达 52%，是牛奶的 13 倍，所以海狮哺乳次数很少，两天甚至一周才哺乳一次。尽管如此，小海狮们还是饿得很快。

雌海狮产下小海狮后第 5 周就要下海捕鱼了，此后每 2～3 天，甚至 10 天才回来一次。可是，它们怎么才能在熙熙攘攘的海狮群中找到自己的孩子呢？研究发现，母海狮上岸后先是发出高声连叫声，小海狮听到母亲的声音立即高声答应，并急切地朝着母亲叫唤的地方爬动，而母亲也赶紧的向小海狮迎过去。显然，母海狮和自己的小海狮的声音彼此非常熟悉，尽管繁殖场上海狮声鼎沸，它们在相距很远的地方也能相互分辨得出来。当母子靠近以后，它们就互相嗅对方的气味，待确认无疑后，就开始喂奶了。

母海狮对自己的小海狮关怀备至，但对其他的小海狮则缺乏同情心。如果小海狮饿急了还是等不到自己的母亲，就会向其他的母海狮要奶吃，但别的母海狮是绝不会喂养不是自己生的幼仔，反而会气势汹汹的将它赶跑。假如这时小海狮不赶紧逃的话，母海狮就会用牙齿把它叼起来，向远处扔。这种情况如果被疼爱小海狮的雌海狮看到了，肯定少不了一场打斗。平时两头母海狮打架也常拿对方的孩子出气。它们会寻机将对手的孩子推下山崖，这时吵架马上就停止了，母海狮得赶紧去找自己的孩子，找到后会对它百般安抚，并多给它喂一次奶。

繁殖期结束后，胖鼓鼓的小海狮们换上了新毛就跟着母亲一起下海了。小海狮需要 3～5 年的时间才能性成熟，这期间它们大部分时间将在海上度过，性成熟后才会加入到生殖群中。海狮的寿命大约 30 岁。

各种海狮当中，身体较大的当数北方海狮，雄的体长可达 3～4 米，重 1 吨；雌的小一些，长 3 米，重 300 千克。北方海狮的数量不少，洄游范围广，有时在我国北部海区也能看得到。还有一种体形较小的，叫"加利福尼亚海狮"。在动物园和水族馆里表演的多数是加利福尼亚海狮。这种海狮多分布于墨西哥、美国、加拿大的沿太平洋海岸。海狮主要捕食鱼类和乌贼，饭量非常大，在水族馆中，一头成年的雄海狮一天可吃掉 40 千克鱼。在自然条件下，由于它们不停地游动，能量消耗很大，饭量当然要增加，估计每天捕食量是在水族馆中的 2～3 倍。当它们在水中遇到渔民的定置网具时，就像一伙打家劫舍的土匪，闯进网内大吃一通，不仅把鱼吃得干干净净，还要将网具给扯得七零八落，所以渔民对它们深恶痛绝。因为海狮吃的都是鲱、鲭、鳕鱼等重要的经济鱼类，如果北太平样中有 20 万头北海狮，每天就要吃掉 600 万千克鱼，这个数量相当可观。

澳大利亚

　　澳大利亚国土面积 7 692 000 平方千米，人口 2 250 万人，首都是堪培拉。澳大利亚是全球土地面积第六大的国家，国土比整个西欧大一半。澳大利亚不仅国土辽阔，而且物产丰富，是南半球经济最发达的国家，也是多种矿产出口量全球第一的国家。澳大利亚拥有很多自己特有的动植物和自然景观。澳大利亚是一个移民国家，奉行多元文化，大约 1/4 的居民出生在澳大利亚以外。澳大利亚也是一个体育强国，是全球多项体育盛事的常年举办国。澳大利亚有多个城市曾被评为世界上最适宜居住的地方之一。澳大利亚的地形很有特色。西部和中部有崎岖的多石地带、浩瀚的沙漠和葱郁的平顶山峦，东部有连绵的高原，全国最高峰科修斯科山海拔 2 230 米，在靠海处是狭窄的海滩缓坡，缓斜向西，渐成平原。沿海地区到处是宽阔的沙滩和葱翠的草木，那里的地形千姿百态：在悉尼市西面有蓝山山脉的悬崖峭壁，在布里斯班北面有葛拉思豪斯山脉高大、优美而历经侵蚀的火山颈，而在阿德雷德市西面的南海岸则是一片平坦的原野。

▶▶▶ **延伸阅读**

海狮计划

　　1940 年 6 月，德国占领了整个西欧，从此，北起挪威、南迄西班牙的全部大西洋已被德国控制。英伦三岛陷入了困境。此前，英军在敦刻尔克大撤退中损失了大量的武器装备，只剩下 500 门火炮和 200 辆坦克。空军也受到很大削弱，仅余下 1 300 多架作战飞机。至于海军也因德国海、空军的封锁，失去了与法国舰队合作的条件。大英帝国从封锁者的地位，一下变成为被封锁者，形势岌岌可危，希特勒为了对付前苏联和避免两线作战，需要拉拢英国，诱其妥协投降，当德向英国提出的"和平建议"，再三再四地遭到英国的拒绝后，希特勒终于做出了对英实施"海狮计划"的作战决定。但是，充当"先锋官"

的德军战机飞临英国上空的时候，等待它们的却是一场以弱胜强的空中"游击战"。最终德军的海狮计划失利，使得英国得以保存军事上的优势，而后继续同德国抗争，把德军拖入了致命的长期持久战，最后成为英美反攻欧洲大陆的跳板，使德军陷入了两线作战的困境。希特勒发动战争以来首次遭遇失败，德国的空军遭受重创。

海　豹

海豹属于哺乳纲鳍脚目海豹科。世界各地大约生活着30多种海豹，其中，北冰洋地区的海豹主要有格陵兰海豹、北欧海豹和象海豹等；在南极辐合带以南的岛上和南极大陆沿海海冰上共生活着6种海豹，包括在南极大陆沿海海冰上生儿育女的威德尔海豹、罗斯海豹、锯齿海豹和斑海豹，以及在南极圈和南极辐合带之间的海洋和海岛上生活的象海豹等。

据生物学家认为，在久远的年代以前，海豹祖先也是过着完全陆栖生活，猎食各种小动物，但在生存斗争中，被沦为其他野兽的猎食对象，为了生存下去，它们只好逃到寒冷的海边，逐渐具备了海域生活的特点，所以至今它们仍然保持着不少陆栖的生活习性，如睡眠、配种、产仔和哺乳等还在陆上进行。

海　豹

海豹是潜水能手，一次潜水可达8~12分钟，长的可达20分钟之久，特别是它们潜水的深度很大，在10分钟左右的时间里，可下潜到400~500米的水下捕食，又浮到水面换气。竖琴海豹是海豹中潜水本领最好的一种，其身长与人差不多，心脏大小也和人相似，但它们却能在100多米深的水底下停留1个多小时，而且上浮时不需要任何减压过程。这是因为它们在下潜之前，先进行几次深呼吸，给血液中的血红蛋白和肌红蛋白储存氧气，当下潜后 8 分钟就开始进入嫌气状态，也就是处于不需要空气也能生活的状态。此时，将新陈代谢产生的酸（这些酸如果留在人体内，人就要发生痉挛）储存在肝脏里，一直到浮出水面为止。

海豹的视力在水下时很好，当它们潜入到水下后，瞳孔立即扩大，以使眼睛能够接收尽可能多的光线。它们的视网膜以视杆细胞为主，而且在视网膜后，还有反射层（膜状层）。在水下它可得心应手地捕食鱼类；在陆上，海豹的瞳孔收缩为一条细缝，挡住大部分光线，以便使视网膜能正常地发挥作用，并可及时地发现一些潜在危险，采取应付措施。北极海豹休息时很有趣，一般是每睡 35 秒，就惊醒 5 秒，昂首四顾，看看有无北极熊等敌害接近。

海豹主要捕食鱼类，甲壳类和贝类，而且食量很大，据估计，仅阿拉斯加湾一带水域里的海豹，每年就要吞食 50 万吨鱼类。偶尔也吃幼鸟或鸟卵。它们大部分时间栖息于海中，但在交配、产仔、哺乳、换毛期间则生活于陆地和冰块上。在陆上活动，靠两只前肢匍匐前进，并能跨越两三米高的障碍，到石山上去休息。

繁殖期的雄海豹常会为了争夺配偶而大打出手。这一时期，雄海豹不吃东西，专心一意地守着妻小，防御情敌。一旦冤家路窄，情敌相遇，它们便各不退让，大打出手。双方伸长鼻子，仰天怒吼，激烈鏖战，难分难解。只落得皮开肉绽，鲜血淋漓。有的甚至把鼻子都咬掉了，但还要血战到底，誓不罢休。于是从陆上打到水中，以躯体相互碰撞。最后斗得筋疲力竭，伤痕累累。战败者落荒而逃，胜利者占寨为主，重整"霸业"。

每年 2 月份，在我国渤海湾一带的浮冰上可以看到海豹产仔，初生仔约 5 千克。每胎 1 仔，遍体白色乳毛，是天然保护色。哺乳月余后，即能独立觅食生活。成年海豹有护幼习性，小海豹被捕时，大海豹往往紧跟着不放，结果往往一同落网。

海豹的肉可食，脂肪可炼油。皮可制革，光亮美观，能御寒防水。它还是一种能驯化的动物，非常聪明听话，并在训练后，可做许多有趣的游戏。

在南极海域，最有代表性的可能就是威德尔海豹了。威德尔海豹生活在南极半岛附近的威德尔海和设德兰群岛四周海域，但它们并没有固定的栖身地方，冬季时，它们会结伴迁移到离南极大陆很远的海域去。到夏季时，它们又成群结队地返回南极大陆附近的海域，除了捕食外，终日躺在冰面上晒太阳。

成年的威德尔海豹体长 3 米左右，体重 600～800 千克，身披短毛，背部

JIEXI DONGWU DE XIONGMENG TIANXING

呈深黑色，其余部分浅灰色，身体两侧有白斑。这些常常出没于南极大陆上冰洞的威德尔海豹可以说是"打孔专家"。每当寒季海面封冻时，它们便忙碌地在冰层下游来游去到处"打孔"。

别看雄海豹长得一副蠢头呆脑的怪模样，它可深受雌性海豹的追求和痴恋。这也许是因为"雌性过剩"的缘故。通常在威德尔海豹中，处于青春期的雌海豹就相当于雄海豹的两倍。一头交了"桃花运"的公海豹常常是妻妾成群，前呼后拥。每当南极暖季来临之时，雌海豹春情勃发，纷纷一个劲儿地追求雄海豹。一头精力充沛的盛年雄海豹可以轮番与雌海豹在水中交配。雌海豹对公海豹的爱情专一。一旦配偶，便永结同心，长期相随。而公海豹却随时寻欢作乐，伴侣多多益善。因此，身后的"妻妾"越来越多，最多的竟达500头以上。

每年10月中下旬，即南半球的春天，临产的雌性威德尔海豹在雄海豹的陪同下凭着高超的辨向识途的能力，在几百米深的昏暗的水里长途跋涉，回到它每年固定的地方生儿育女。在这个时间里的南极大陆海湾的冰面上，可以看到怀孕的雌海豹一个个肥壮滚圆，体重达到800～900千克。

一般情况下，母海豹一胎产一仔，刚出生的幼仔体重就达到10～15千克。由于母海豹的乳汁中含脂率高达40%以上，而且其他营养成分的含量也很高，所以，幼仔吸收后长得很快，平均每天体重可增长2千克，10天以后，它们的身长和体重都成倍增加，体重达到30～40千克。母海豹在哺乳的两个月时间，一步都不离开幼仔，也不下海哺食，只啃一些冰面上的积雪解渴，完全靠积累在体内的脂肪来哺育幼仔，并维持自己的生命。等到小海豹体重达到100～200千克，可以独立下海哺食的时候，母海豹的身体已极度虚弱，体重减少了50%～60%，仅剩300～400千克了。

在哺乳期间，母豹脾气十分暴躁。也许爱子心切，生怕别的凶禽猛兽前来伤害她的宠儿，所以神经质地动辄耍泼，甚至失去常态。忽儿紧张地用嘴叼着幼仔东躲西藏，仿佛逃难似的；忽儿又不顾一切死命地把幼仔甩在冰地上。这种莫名其妙的"母爱"往往使小海豹遍体鳞伤，甚至因此而造成终身残疾。

象海豹是南极海域鳍足类海兽中的"丑八怪"。相貌长得既丑陋又笨拙。一头年富力强的雄性海豹身长6米以上，体重可达4～6吨。它们通常是白天睡觉，晚上进食，专吃鱼虾类海洋生物。牙齿虽锋利，但间隔太宽，不便咀嚼，只能生吞活剥，大口咽下。在水中觅食时，因为有流线型的身体和光滑的皮肤，显得比较轻松灵巧，不像陆上行动那样步履艰难。

象海豹雄兽身长可超过6米，体围也超过6米，体重达3～3.5吨。雌兽较小，体长也有3米多。象海豹名称的由来，一是因为体形庞大粗壮，皮肤粗厚无毛；二是因为雄兽上嘴唇长着一堆富有弹性的软肉，有的长达40～50厘米，状如大象鼻子。平时松软地下垂，每当激动时便鼓得长长的，竟能一直伸长到1米。雌兽没有长鼻。雄兽体呈暗褐色，略带青灰，雌兽体色更深；幼兽毛纯黑色，身上还带卷毛，出生四周后便脱尽。象海豹四肢短小，无力支持巨大的身体离地，且后肢与尾相连，向后方生长，因此在陆地上不起作用。在地面伏卧时，头和尾可同时向上弯转，使全身变成一个"U"字形，也可前身仰起高达3米。

象海豹以吼声洪亮著称，以乌贼和鱼类为主食，食量很大，每天可吃100千克以上。但也能耐受饥饿，可80～100天不吃任何食物。

象海豹有洄游习性，除上沙滩睡觉和繁殖外，很少上岸。与海狮、海豹一样，雄兽争偶激烈，有一雄多雌的习性。

雌兽怀孕期长达45～50周，一般在9—10月间生产，每胎1仔。幼兽生下来就有1米多长，35～45千克重。哺乳约6周后便独立生活。寿命10～20年。

象海豹有厚脂肪层，一头象海豹可炼油900多升。象海豹容易饲养，脾气温和，是动物园内珍奇动物之一。

南极辐合带

南极辐合带位于南纬50°～60°之间，向北流动的寒冷南极水下沉至较温暖的亚南极水层之下，而形成环绕南极的表层海水沉降带，并且有明显的海洋锋特征。一般作为划分南大洋中的南极海区和亚南极海区水团的边界。在南极辐合带中，来自南极大陆的几乎不含盐的冷水向来自温暖地区含盐较高的温水之下流动。这样，南极辐合带不仅是一条海洋地理界线，同时也是一条海洋生物学界线。在辐合带以南，所有的生物都生活在一种非常特殊的环境中，形成独特的海洋生态系统。因此，南极辐合带是一条环绕南极大陆的海流、水温、盐度及生物的跃变带。

延伸阅读

威德尔海豹打孔之谜

威德尔海豹非常喜欢打孔，是因为它们需要不断浮出水面进行呼吸，每次间隔时间为 10～20 分钟，最长可达 70 分钟。在无冰时，浮到水面呼吸很容易，然而，当海面封冻时，呼吸便成了威德尔海豹的一大难题了。当威德尔海豹被封在海冰或浮冰群的底层时，就无法随时浮出水面进行呼吸，它闷得无法忍受时，就不顾一切大口大口地啃起冰来。费尽了平生之力，啃出了一个洞，它才能钻出洞外，有气无力地躺着，尽情地呼吸着空气。然而，它的嘴磨破了，鲜血直流，染红了冰洞内外；它的牙齿磨短了，磨平了，磨掉了，再也不能进食，也无法同它的劲敌进行搏斗了。正是由于这种原因，本来可以活 20 多年的威德尔海豹一般只能活 8～10 年，有的甚至只活 4～5 年就丧生了。更严重的是，有的威德尔海豹还没有钻出洞口，就因缺氧和体力耗尽而死亡。

为了保存自己用鲜血和生命换来的冰洞，威德尔海豹每隔一段时间就要重新啃一次，避免洞口被再次冻结。这样，冰洞就成了它进出海洋、呼吸和进行活动的门户。

海 象

在北太平洋的白令海和阿拉斯加靠近北极圈一带，生活着一种奇异的哺乳动物海象，海象和象海豹是两种不同的动物。海象最突出的特点，是有一对长在上颌，从两个嘴角伸出来的长牙，无论雌、雄都有。

成年海象的长牙每根 70～80 厘米，重达 4 千克。关于海象长牙的作用问题，一直令科学家们迷惑不解，因为它们在高纬地带并无天敌，北极熊也不敢贸然攻击它们，所以，它们的长牙不应该是自卫的武器。有的科学家提出，海象的长牙起一种"铅坠"作用，帮助它们潜入深水，但是，这种"铅坠"作用同样又会有碍于它们上浮，而且，几千克的分量对于这样庞大的动物来说，在它潜水时所起的作用是微不足道的。

后来，科学家们经过长期的仔细观察和研究，才解开了这个谜。原来，海象的长牙是用来挖掘和耕耘海底以觅取食物的。海象觅食的方法是极绝妙的。它在水面吸足新鲜空气后，便近于垂直地潜入水底，将整个长牙插进土里，或在原地有力地运动颈项，或向前推进，像一个辛勤的"水下耕耘者"，不停地犁地。海象从泥土里掘出蛤蜊等之后，不是用嘴，而是用宽大、灵

海 象

活的前鳍脚将它们收集在一起，由于其中还含有大量的泥沙，所以，海象慢慢浮上水面，同时用内侧表面像锉刀和磨盘一样的鳍脚使劲地来回揉搓，将介壳搓得粉碎。而后，海象又松开"双手"，残碎的介壳就与肉分离开来，并竞相沉入海底，而清除了介壳的肉则慢慢下沉，海象便重新下潜将干净的肉捕而食之。

海象体躯肥大，成年雄兽身长 4 米多，体重 1 500 多千克。它一生的大部时间，都是在浅水或海岸上睡懒觉，它们几十、几百只成群地一个紧贴一个或两三层堆起来卧在一起，睡时采取轮流值班担任警戒的方式，由一只醒的警戒 2 分钟后，又推醒一只来接班，依次轮值，以保证群体都能安全地休息，当一发现敌害，值班的便发出如公牛般的叫声，同伴闻声惊起蜂拥逃走。

尽管体大力强的海象有着非常和顺的性情，但它受到素以凶悍残暴著称的北极熊的攻击时，却常常能打胜仗。有人看到，当北极熊遇到海象时，先搬起大石头或冰块向海象砸去，海象忍痛缓缓向海边挪动，然后纵身跃进水里，北极熊穷追入水猛扑，海象则抢起巨牙向它猛捅过去，北极熊被捅得翻了个筋斗，恼怒地再次扑向海象，而海象又用尖利的长牙捅去，经过几个回合的厮打，北极熊渐感力乏，而海象却越战越强，时而把北极熊按到水下，时而又用长牙捅去，终于白毛四处漂流，鲜血染红海水，北极熊已是奄奄一息了，而海象则自由自在地游向远方。

每年 3—4 月是海象的产仔期，幼仔长达 1 米左右，重达 40 千克，雌海象抚养幼仔的时间长达 2 年，因此，雌海象要至少 3 年时间才能生一只幼仔。海象寿命很长，一般可以活到 20 岁，长的可以活到 40 岁。

海象具有很高的狩猎价值，海象的皮很厚，是制革的原料；皮下脂肪厚15厘米，可以用来炼油，海象油质地优良，既可食用又可作工业原料。海象的肉可以食用，有点像牛肉。一头海象能炼油300多千克，1吨重的肉，还可出一张又厚又大的毛皮，毛皮可做衣服、雨具和帐篷，甚至用来建造渔船。海象的胃、肠还可用来缝制不透风雨的外套，制作家庭用具。甚至它们的骨头也能派上用场，人们用它来造船、制雪橇，骨头还能制成炊具。它们的肩胛骨就是盘盏的很好的代用品。

最令人感兴趣的还是海象的牙齿。海象的牙齿可以跟陆地上大象的牙齿媲美，可用于雕刻精美的工艺品，19世纪90年代，每年运往旧金山的海象牙多达1万枚，美国和英国船员也从阿拉斯加运来海象牙向中国出售。直到现在海象牙仍然是国际市场上的畅销货。

海象身上有这么多人们可利用的东西，人们自然不会放过它们。人类猎捕海象已有上千年的历史。20世纪仅在白令海就捕获数百万头。海象在危难的时候也会表现得凶猛勇敢，往往会跟捕猎者决一死战。但这也改变不了它们的命运，由于不少国家竞相猎捕，其数量急剧减少，几乎到了濒临灭绝的边缘。近年来由于国际上对海象实行了保护，将其列为限捕对象，海象的种群有所恢复，现在如果坐船在北冰洋近海作环行航行，沿途会看到不少海象在冰上睡觉。

知识点

白令海

白令海是太平洋沿岸最北的边缘海，海区呈三角形。北以白令海峡与北冰洋相通，南隔阿留申群岛与太平洋相联。它将亚洲大陆（西伯利亚东北部）与北美洲大陆（阿拉斯加）分隔开。1728年丹麦船长白令航行到此海域，因而以他的姓氏命名。

白令海的海洋生物非常丰富。据统计，鱼类约有300种以上。捕捞对象主要有鲑鱼、比目鱼、绿鳕、海胆等，其中以鲑鱼和蛤科类产量最高。此外，还有珍贵的海洋腽肭兽、海狸、鲸等都很有捕捞价值。按单位面积计，白令海是世界海洋鸟类最多的栖息地，也是世界上大叶藻产量最高的海区。

延伸阅读

"海象"级潜艇

"海象"级潜艇的建造属于荷兰海军 1972 年舰队计划中的一部分，设计建造的目的是确保荷兰海军拥有一支由 6 艘潜艇组成的潜艇部队。1975 年，荷兰海军已经拥有 4 艘 1956—1965 年间建造的"抹香鲸"级潜艇和 2 艘 1972 年服役的"旗鱼"级潜艇，荷兰海军当时预计，4 艘"抹香鲸"级潜艇将在 1985 年到 1990 年间退役，需要有新的潜艇来补充它们留下来的空缺。

"海象"级最早的研制资金于 1975 年下达，1978 年 6 月，荷兰海军与鹿特丹干船坞公司签订了"海象"级潜艇的建造合同。

"海象"级是西方国家现役最先进的常规潜艇之一，与英国"支持者"级的设计和系统非常相近，但"海象"级续航力更大些。它是荷兰长期积累的常规潜艇研建经验与现代技术结合的产物，它的高度自动化在平台系统上体现得最为突出，其综合监控系统（IMCS）可提供 4 种自动化功能，使指挥员能够通过指控室的中央控制面板控制全艇。它虽然只有 4 具鱼雷发射管，但艇上可以携带 20 枚鱼雷，超过排水量相当的英国"支持者"级等潜艇。

海獭

海獭属于鼬科动物，跟陆地上的黄鼠狼是亲戚，但它们可比黄鼠狼大多了。成年海獭体长 1.3 ~ 1.5 米，体重在 30 ~ 45 千克左右。为了在水中生活，它们在体型上跟陆生的亲戚有着很大的不同，长着小小的脑袋，小小的耳壳，滚圆的躯体。最突出的变化是后肢，长且宽扁，趾间有蹼，像鳍。在游泳时，它们用后肢交替地扒水，产生向前的力。尾巴很长，约占身体的 1/4，游泳时可以当舵用。

海獭身上对人最有价值的部分是它的皮毛。它们生活在水中，海水的传热比空气要快 4 倍，而海獭没有像鲸那样厚厚的皮下脂肪层可以保暖，它的皮下脂肪仅占体重的 1.8%，但是海獭有一身天衣无缝的厚厚的皮毛，同时皮毛上涂遍了一层脂肪，即使是潜在深水里也能滴水不透。海獭身上有刚毛和绒毛，绒毛细致而柔软，而且非常厚密，每平方厘米有毛12.5万根，我国东北的貂皮虽有皮毛之王美称，但海獭皮毛比貂皮还要密4倍。用海獭皮制成的衣服是御寒的极品。

与大多数种类的海兽一样，海獭喜欢在寒冷的水中生活。海獭生活在美国的加利福尼亚州和北太平洋的阿拉斯加、科曼多尔群岛、千岛群岛等非常有限的海岸礁岩区域，因为那里生长着它们喜欢吃的海胆和贝类，而且还生长着成丛的大型海藻，是海獭躲避天敌虎鲸和大型鳖鱼袭击的天然保护林。海獭除吃东西以及整理身上的皮毛和给幼仔哺乳外，其他的时间则采用仰浮的姿势躺在水面上。海獭擅长潜水，经常潜到3～10米处活动，有时潜到50米深的海底寻找食物，它们几乎不到陆地上活动，也从不远离海岸。夜晚，它们能在海面上过夜睡觉。非常有趣的是，睡觉以前，它们先在海藻丛中打一阵滚，让海藻密密地缠住身体，然后就可放心大睡。也不必担心，它们睡着了以后不会被海浪冲走。

海 獭

与其他海兽相比，海獭的游泳速度算是比较慢的，每小时仅有10～15千米。游泳的时候，它们要将头部露出水面，后肢与尾巴像桨一样摇来摆去地划水前进。仰泳的时候，它们将前肢搭在胸前，只靠尾巴在水中缓缓地摆动。有时它们会潜入海底寻找食物，可以潜到100米深，并且在水中坚持20～39分钟。跟其他海兽一样，海獭在水中非常自如，一到了岸上胖胖的身体就显得有些笨拙了，走起路来摇摇摆摆的像个醉汉。海獭很喜欢雪，如果吃饱了心情不错的话，它们会晃动着圆圆的身体，连滚带爬地来到不高的斜坡上，然后再像小孩滑滑梯一样一滑而下。这种游戏让它们很兴奋，常常能一连玩半天。

海獭的一生都在繁忙之中度过，从天亮一睁眼，一整天都是不闲着的，所以它们的新陈代谢速率是很高的，需要很多食物才能维持它们的能量消耗，它们每天所吃的食物量能达到体重的1/4～1/3。

海獭的食物大部分是海底生长的贝类、鲍鱼、海胆、螃蟹等，有时也吃一些海藻和鱼类。它们最喜欢吃的食物是海胆，但海胆的壳很坚硬，靠牙齿是绝对咬不开的，海獭们就想出了一个很聪明的办法，在水下拣起海胆把它们夹在前肢下边松弛的皮囊中，皮囊里一次可以装 25 只海胆，皮囊装满后，海獭飞快地浮上水面、四条腿朝上仰游着。它们把从海底拣来的拳头大小的石块放在胸前当砧石，用前肢夹着海胆将它在石块上撞击。过一会儿，它还要时不时地停下来察看一番，一旦发现壳敲破了，海獭便马上将里而的肉质部分吸食出来。如果用得顺手的话，海獭会将这块石头保存下来，连续使用同一块石头来砸食物。吃饱之后它们会把石块和吃剩了的食物放置在胸前进行休息。以前人们认为，除了人以外只有类人猿才会使用工具，显然这种看法有误。事实上，海獭不但会使用工具，而且还会保存工具反复使用，在这一点海獭显然胜过类人猿。

海獭除了会使用工具以外，还十分爱打扮，爱清洁。吃饱之后，它们大部分时间都用在梳理皮毛上，梳理的时候非常认真，从头到尾仔仔细细地梳理。其实这种梳理不仅仅是为了漂亮，因为在砸吃食物的时候，他们的皮毛会给弄得蓬乱污脏，毛丝都乱缠在一起，如果不梳理清洁，就会失去绝缘保温作用，身体会受寒。梳理皮毛的时候还可以刺激促进皮肤下脂肪的生长，并使皮脂腺多分泌脂肪，在皮毛上涂上一层均匀的脂肪，达到既防水，又保暖的作用。

海獭一般在春季或夏季发情或生殖，雄海獭一旦发现发了情的雌海獭，就立即对它进行追逐，并在水中进行交配，随后的几天里，这一对海獭将形影不离，它们会一起觅食、一起睡觉，几天之后，当雌海獭露出受孕的形象后，雄海獭会马上离它而去，从此各奔东西，再没有什么往来了。海獭的怀孕期很长，将近 1 年的时间。第二年春暖花开的季节，小海獭就要出生了。刚出生的小海獭只有 1～2 千克重，像一只小猫一样。它们身上披着厚厚的绒毛，一出娘胎就可以独自游泳了。在水中，它们可以睁着眼睛在母亲的腹部寻找乳头，吮吸乳汁。当母亲潜水寻找食物的时候，小海獭则静静地躺在水面上睡觉或者在海藻丛中嬉耍。小海獭在前几周内一般只吃母亲的乳汁，以后则要加上一些其他的食物。长到 1 岁以后，小海獭就可以独自觅食了，但它们仍然喜欢跟随在母亲的身旁，时不时地得到母亲的照顾。

由于海獭的皮毛极为珍贵，人们对它趋之若鹜，很多人到海獭的栖息地去猎捕海獭。19 世纪前，勘察加岛上的海獭有 20 万只，20 世纪 30 年代之后仅剩下不足 1 000 只。以后经过禁猎、政府采取保护等措施，海獭的数目才多了

起来。现在，一些有条件的地方，人们正在进行人工海獭养殖，这样能生产更多的高质量的毛皮。

海 胆

　　海胆是棘皮动物门海胆纲的数种海洋无脊椎动物，体呈球形、半球形、心形或盘形。现有八九百种。在遥远的过去（古生代和中生代），它们有很多种类，已发现的海胆化石就多达 5 000 种。内部器官包含在由许多石灰质骨板紧密愈合构成的 1 个壳内。壳上布满了许多能动的棘。这些棘是能动的，它的功能是保持壳的清洁、运动及挖掘沙泥等。但是海胆不能很快地移动自己。除了棘，海胆还有一些管足从壳上的孔内伸出来。这些管足的功能并不一样，如摄取食物、感觉外界情况等。海胆的壳其实是由 3 000 块小骨板形成的。不同种类的海胆大小差别悬殊，小的仅 5 毫米，大的则达 30 厘米。海胆的形状有球形、心形和饼形。它们生活在世界各海洋中，其中以印度洋和西太平洋海域的种类最多。

延伸阅读

海獭的命运

　　海獭是鼬家族的一员，曾经广泛分布于环太平洋浅海地区。科学家们相信，至今 300 多年前曾有超过 50 万只海獭生活在太平洋中，包括被地理界限限定在加利福尼亚海的 2 万只亚种。但是从 18 世纪中期商人发现了海獭珍贵的皮毛（是动物世界中最厚、最密实的皮毛）后，人们就一直在捕杀海獭，几乎使海獭灭绝了。这样直到 1911 年国际皮毛贸易协定禁止捕猎海獭为止，海獭的数量才又慢慢回升。到现在，加利福尼亚的海獭数量已有 2 800 只。尽管海獭的数量增加了，但是又有一个神秘的杀手威胁着海獭的生存。海滩上发现的死亡的海獭数量正逐年递增，仅 2004 年前 5 个月就发现有 135 只海獭死掉。

　　科学家们对死亡的海獭进行了尸检，结果惊人地发现，造成海獭死亡的头号杀手是来自陆地上的微生物寄生虫。研究显示，最近死亡的海獭有40%是被陆地上的两种寄生虫感染而死的。这些寄生虫一旦到了海里，就会逐渐集中在蛤、贻贝这些海獭最喜欢吃的动物身上。这样，当海獭无意中吃了感染有寄生虫的蛤、贻贝后，它身上也有了一定数量的寄生虫，一旦寄生虫钻进海獭的肠内，寄生虫将进入海獭的血液中，这会造成严重的感染并导致一种脑炎，正是这种脑炎致使海獭死亡。